어떤 날

7

어떤 날 7 꿈결 같은 여행

초판 1쇄 인쇄 2016년 8월 22일
초판 1쇄 발행 2016년 8월 29일

글 강윤정, 강정, 박연준, 신해욱, 요조,
위서현, 이제니, 장연정, 정성일

펴낸이, 편집인 윤동희

기획위원 홍성범
디자인 정승현
제작처 새한문화사(인쇄), 한승지류유통(종이)

펴낸곳 (주)북노마드
출판등록 2011년 12월 28일 제406-2011-000152호

주소 04003 서울시 마포구 월드컵로 12길 45(서교동 474-8) 2층
전화 02-322-2905
팩스 02-326-2905

전자우편 booknomadbooks@gmail.com
페이스북 /booknomad
인스타그램 @booknomadbooks
트위터 @booknomadbooks

ISBN 979-11-86561-29-4 04980
978-89-97835-15-7 (세트)

- 이 도서의 국립중앙도서관 출판예정도서목록(CIP)은 서지정보유통지원시스템 홈페이지(http://seoji.nl.go.kr)와
국가자료공동목록시스템(http://www.nl.go.kr/kolisnet)에서 이용하실 수 있습니다. (CIP 제어번호: 2016017522)

www.booknomad.co.kr

어떤 날

7

꿈결 같은 여행

북노마드

prologue

불행은 작가에게 주어지는 도구 가운데 하나라고 말하고 싶군요.

또다른 비유를 들자면 많은 재료 가운데 하나라고 할 수 있어요.

불행, 고독 같은 것들은 모두 다 작가가 사용해야 하는 것들이에요.

악몽도 도구예요. 내 소설 가운데 많은 것들은 악몽이 내게 준 거예요.

나는 거의 이틀에 한 번꼴로 악몽을 꾼답니다.

- 호르헤 루이스 보르헤스

contents

사진 / 이지예

받침이 없는 이름을 가진 도시에서

글·사진 강윤정

어떤 날 7 travel mook

– 저기…… 날씨가 좋네요! 거기서 뭐해요?

이른 아침, 당신이 내광성 좋은 코발트블루빛 티레이나 해 수평선을 멍한 눈으로 바라보고 있는데, 당신이 기대선 발코니 아래에서 목소리 하나가 들린다. 내려다보니, 삼십대 중후반으로 보이는 남자가 서 있는 곳은 놀랍게도 탁 트인 밭이다. 전날 밤늦게 도착해 숙소에 짐을 풀고 발코니에 나가보았을 땐 어둠뿐이었고, 당신은 당연히 그 어둠의 절반은 하늘, 절반은 바다일 거라고만 생각했다. 다만 발코니 아래쪽에서 점점이 보이던 반딧불이. 반딧불이가 바닷가에서 구하는 게 무엇일지 궁금한 마음이 들었지만 생각해보니 당신이 반딧불이를 본 것은 이번이 처음이었고, 반딧불이에 대해 아는 것이 전혀 없다는 것을 깨닫고는 더이상 생각하지 않았다.

– 아…… 당신은 뭘 하고 있나요?
– 나요? 보다시피 일하고 있죠! 이리 내려와볼래요?
구경시켜줄게요.

당신의 심드렁한 표정에도 아랑곳 않고 그는 두 팔을 들어 크게 손짓을 한다. 어쩜 그리 쉽나, 당신은 그의 호의에 곱지 않은 마음이 든다. 그러나 이국까지 달고 온 불면증 탓에 당신은 몸도 마음도 어디 한 구석 개운하지 않았고, 거절의 말을 늘어놓기보다는 고개 한 번 끄덕이는 게 훨씬 쉽다고 생각한다. 당신은 작게 한숨을 내쉰 뒤 숙소에서

밭으로 내려가는 길을 찾는다. 계단으로 이어진 좁은 오솔길을 따라 내려가니 그의 밭이 전면에 펼쳐진다. 위에서 내려다보았을 때보다 훨씬 넓고 압도적으로 푸르러 당신은 잠시 할 말을 잃었다.

– 어서 와요. 환영합니다! 내 이름은 발다예요.
– 바르다요?
– 네, 발다요, 발–다.

'바르다'에 가까운 '발다'라는 그의 이름을 듣고 당신은 웃는다. 이탈리아 남부의 강렬한 태양을 가리기에 좋아 보이는 깊은 눈과 긴 속눈썹, 그 안의 짙은 녹색 눈동자가 참 '바른' 사람이라는 인상을 주었기 때문이다. 당신은 "한국어로 '바르다'란 말은……" 하고 설명하려다 만다. 그게 무슨 소용이라고, 싶다. 당신은 그에게서 이 나라 남자 특유의 호들갑스러움이 느껴지지 않는 것만으로도 일단 다행이라 여긴다.

밭은 생각보다 많은 것들로 이루어져 있다. 밭 경계를 둘러싼 방풍림과 그 안쪽으로 여러 그루의 다종다양한 나무들, 발아래 풀과 땅속의 뿌리채소까지, 알뜰살뜰함이 느껴지는 밭이다.

– 당신의 밭인가요?
– 아뇨, 우리 부모님이 가꾸는 곳이에요. 나는 주말마다 내려와 도와드리고 있어요. 나폴리에서 직장생활을 하고 있거든요.

나폴리에서 남동쪽으로 육십 여 킬로미터 떨어진 이곳에서 발다는 나고 자랐다 한다.

– 이건 샐러리, 저건 아티초크…… 아, 감자는 알죠?
감자 캐본 적 있어요?

발다는 당신의 대답을 바라거나 기다리지 않는다. 다만 쭈그려 앉아 고슬고슬한 땅에 몇 번 호미질을 하더니 알감자 두 알을 당신에게 내민다. 당신이 아는 감자보다 작고 붉고 무르다. 당신은 감자를 손에 쥔 채 발다의 뒤를 따른다. 발다는 왼팔을 허리께까지 들어 올리고 손끝에 닿는 풀과 꽃을 어루만지듯하며 걷는다. 보폭이 크다.

– 당신의 나라에도 이 꽃이 있나요?

멈춰 선 발다의 손끝에 닿은 꽃은 줄기가 여리여리하고 꽃잎이 물든 듯 붉은 개양귀비다. 개양귀비를 영어로도 이탈리아어로도 모르는 당신은 그저 고개만 끄덕이고 만다. 발다가 그럼 혹시, 하는 얼굴로 꽃 한 송이를 꺾는다. 꽃잎을 한 장 한 장 경쾌하게 뜯어내고는 암술과 수술만 남은 꽃을 볕에 그을린 팔뚝에 꾹 누른다. 시선은 당신에게 가 있다.

– 이건 모르나 보네요. 어릴 적에 친구들하고 자주 하던 놀이인데.

발다가 내민 팔뚝을 들여다보니 작은 꽃무늬가 찍혀 있다. 섬세하고 아름답다. 이게 꽃의 얼굴일까, 당신은 생각한다. 꽃잎을 모두 잃고도 꽃은 꽃인 채로 남아 있었다.

*

그에게 사랑한다 말했을 땐 그 말을 처음 하는 사람이 된 기분이었다. 어쩌면 그럴지도 몰랐다. 그동안의 사랑해, 는 언제나 당신의 '말'이기 이전에 '대답'이었다.

그는 요즘 어떻게 하면 당신에게 더 잘할 수 있을지, 어떻게 하면 이 좋은 시기를 훼손시키지 않을 수 있을지 많이 생각한다고 이야기했다. 마치 식물을 키우듯, 밭을 일구듯 착실한 마음으로. 그의 말을 듣고 당신은 '사랑을 키우다'라는 표현을 생각해본다. 식물을 키우고 밭을 일구는 것이 얼마나 역동적이고 난폭한 데가 있는 일인지, 당신과 그는 몰랐다.
/
시간이 흘렀다. 그에게는 길고 당신에게는 짧은 시간이었다.
/
당신의 불면은 이미 어제오늘의 일이 아니었다. 당신은 수화기 너머로 "거기 있어?"라고 물었다. 느낄 수가 없어 답답했다. 그가 거기 있는지. 분명히 거기에 있는지. 낯익은 지명을 들었다. 당신이 물은 건 어디에 있는지가 아니었다. 어디든 상관없었다. 그 낯익은 지명에 있다는 그가 거기에 '있다'는 게 느껴지지 않았다. 이런 느낌이 처음이고 어떻게 하면 좋을지 당신이 모른다는 것이 잠을 가져갔다. 어깨가 결리고 팔다리가 무거웠다. 당신은 약을 한 알 먹고 휴대전화의 전원을 끈 뒤 다시 누웠다. 시간이 흘렀다. 약을 먹으면 그저 자신이 모르는 사이 시간이 지나갔을 뿐 잠을 잔 것 같지는 않다고, 당신은 생각한다. 그래도 지나치게 과장되었던 당신의 심장 박동 소리가 잠잠해졌다. 눈을 떠 휴대전화를 켜보니 세 시간이 지나 있었다. 부재중 전화도 여러 통 와 있었다. 당신을 찾는 그의 목소리가 들리는 듯했지만 이미 세 시간 전의 일이었다. 꿈과 꿈이 아닌 어느 경계에 당신은 서 있었다. 없음이라는 게 무엇이냐고, 그것은 어디에서 오는 것이냐고 묻던 어느 소설가의 말이 떠올랐다. 당신은 그 반대다. 당신은 있음이란 게 무엇인지, 당신이 이렇게 불명확하게 느끼는 그의 있음은 있음이 맞는지 묻고 싶었다.

/

그와 당신이 만난 기간은 길지 않았지만 그의 말을 빌리자면 당신과 그는 '태도가 같아서' 태어나 누구에게도 느껴보지 못한 강한 유대감을 느꼈다. 그래서 당신은 무언가 설명하고 싶은데 그것이 정리된 말이 되지 않을 때면,

– 지금 내 마음이 어떤 것 같아?

라고 그에게 물을 수 있었다.

참으로 차분한 어조와 말의 이음새로 당신의 마음을 그가 대신 언어로 만들어 설명을 하면 당신의 마음이 바로 그것이 되었다.

헤어지자는 말을 하면서도 당신은 그랬다.

– 지금 내 마음이 어떤 것 같아?

꽁꽁 언 강을 바라보면서. 그때도 그가 당신의 마음을 말로 대신 설명해주었다.

당신의 마음이 바로 그것이었다.

*

해가 점점 높아진다. 마음이 텅 빈 당신은 손차양을 만들어 햇빛을 막는다. 이 나라의 깨끗하고 올곧은 햇빛이 당신은 부담스럽다. 모두가 마음을 무언가로 채운 채 살아가고 있는 것 같다. 당신 앞에서 환하게 웃고 있는 이 남자의 마음엔 가족과 땅과 나무와 바다와, 이 모든 것을 굽어 살피고 있는 강인한 저 산이 가득 차 있을 것 같다. 과거는 과거로 끝나지 않고, 당신은 그저 몸만 이동해 있다.

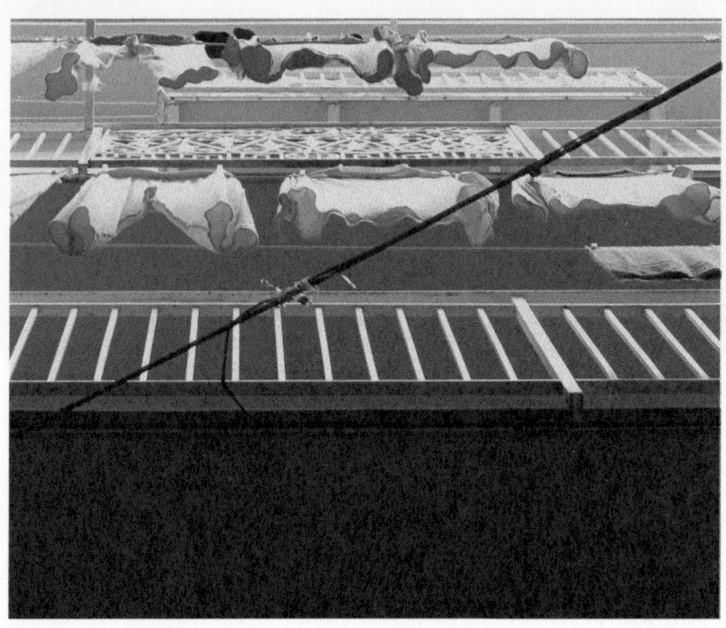

– 저쪽은 포도밭이고, 이쪽엔 레몬나무가 많아요. 이 레몬들 좀 봐요, 마음에 드는 거 하나 골라서 따봐요. 괜찮아요. 어서요.

당신은 눈이 가는 레몬 하나를 골라 딴다. 자연스레 코로 가져간다. 살짝 향을 맡는다. 당신도 모르게 침이 고인다. 당신의 왼손은 흙 묻은 감자 두 알, 오른손은 큼직한 레몬 한 개로 꽉 찼다. 당신은 손에 살짝 힘을 주어 무언가를 잡고 있는 게 왠지 마음 놓이게 한다고 생각한다. 떨어뜨리지 않을 만큼 세게, 망가뜨리지 않을 만큼 약하게, 몸의 감각은 이렇게 알아서 균형을 맞춘다.

– 여긴 모두 허브예요. 이건 민트 종류인데, 향 한번 맡아볼래요?

발다가 잎 서너 장을 뜯어 양손으로 비빈 뒤 손바닥을 펼쳐 당신에게 내민다. 두 손이 꽉 찬 당신은 발다의 손에 들린 잎을 쥘 여유가 없다. 당신은 몸을 살짝 수그려 그의 양 손바닥에 얼굴을 묻듯이 한다. 큼직한 손 안에 푸른빛이 가득하다. 당신은 숨을 깊이 들이마신다. 깊이, 한번 더 깊이, 그리고 아주 깊이. 청량한 향기가 당신의 숨을 채우고 삽시간에 몸 전체를 가득 채운다. 당신은 울음을 터뜨린다.

*

읽던 책에서 눈에 떼어 창밖을 바라보니 당신의 모습이 보이지 않는다. 좀 전까지 울고 있던 당신은 갑자기 어디로 사라졌나. 지금은 밭을 일구는 남자뿐이다.

나는 아침부터 여기에 앉아 당신을 지켜보았다. 당신을 발견한 순간, 나와 몹시 닮았음을 스스로 느낄 수 있어 당혹스러웠고, 그러므로 내내 지켜볼 수밖에 없었다. 언젠가의 나와 닮은 당신. 지난 시절, 애써 묻어둔 그 계절을 길어올리게 하는 당신은 누구인가. 그때의 나는 지금의 나보다 당신을 훨씬 더 낯익어할 것 같은데, 그런 당신은 누구인가. 나는 왠지 알 수 없는 기분에 휩싸여 읽다 만 시로 서둘러 눈길을 돌린다. "숨기고 싶은 것은 드러내고, 드러내고 싶은 것은 부끄러움 없이. 이제는 너의 노래를 들어보아라. 네 몸속에 새겨진 숫자의 색깔을 읽어보아라. 이미 춤추는 소리를 만들어내는 심장을 가지고 있으면서도. 너는 왜. 너는 왜 무엇 때문에."◆ 레몬나무 아래 드리워진 그림자가 점점 짧아진다.

강윤정 / 문학 편집자. 소설 리뷰 웹진 〈소설리스트 sosullist.com〉의 필진으로 참여하고 있다.

◆ 이제니 시인의 시 「곱사등이의 둥근 뼈」 중에서

이것은
용龍이 꾸는 꿈

글·사진 강정

어떤 날 7　　travel mook

*

처음 나타난 건 하얀 벽이었다. 미세한 무늬들이 촘촘하게 엮여 있는 하얀 벽. 멀리서 보면 밋밋하나 가까이서 보면 하늘에서 내려다본 도시의 조감도처럼 균일한 무늬들이 점점이 확산하는 벽. 그 작은 무늬 어느 한가운데 내가 보이지 않는 점으로 찍혀 있다는 확신이 들었다.

*

잠들기 전에 나는 모종의 공포에 사로잡혀 있었다. 왠지 집에 나 말고 누가 더 있는 것 같았다. 갑작스럽고 이유를 알 수 없었지만, 막연한 느낌만은 아니었다. 나는 분명 내가 누워 있는 방과 거실 사이를 커다란 그림자가 어슬렁대고 있는 모습을 보았다고 생각했다. 하지만 눈을 똑바로 뜨고 사위를 살피면 아무도 보이지 않았다. 고요했고 어떤 냄새도 느껴지지 않았다. 그럼에도 누군가 집을 돌아다닌다는 느낌은 떨쳐지지 않았다. 이불을 머리까지 뒤집어쓰고 눈을 감아도 그 느낌은 지워지지 않았다. 공연히 진땀이 나면서 불길한 상상이 뇌리를 스쳤다. 내일 아침이면 여태 알고 있는 세상을 다시 보지 못할지도 모른다는 생각이 들었다. 그랬더니 돌연 슬퍼졌다. 그 슬픔은 그런데, 이상한 환희를 동반하고 있었다. 몸이 부르르 떨렸다. 커다란 이별과 예기치 못한 조우의 징후가 동시에 느껴졌다. 울어야 할지 웃어야 할지 모르는 상태로 한동안 머릿속에 난삽한 영상들이 펼쳐졌다. 비행기를 타고 가는 장면, 해가 지는 어느 강가를 혼자 서성이는 모습, 심지어 사람 크기만 한 새와 대화하는 장면 같은 것도 어지럽게 명멸했다. 왠지 공룡의 말도 알아들을 수 있을 것만 같은 기분이었다. 그러자 정말 어디선가 커다란 발자국 소리가 들리기 시작했다. 돌연 호기심이 북받쳤다. 나는 덮고 있던 이불을 떨치고 몸을 일으켰다.

천천히 문으로 걸어가 거실을 살폈다. 그러자 이상한 일이 벌어졌다. 눈앞에 하얀 벽이 나타난 것이다. 원래 이 집엔 없는 벽이었다. 사위가 갑자기 밝아지는 느낌이었다. 발자국 소리가 점점 크게 들렸다. 천천히 앞으로 나아가자 또 이상한 일이 벌어졌다. 내가 다가가는 만큼 벽이 멀어지고 있었다. 그러면서 벽과 나 사이 오른쪽 공간이 큼지막하게 벌어지고 있었다. 벽과 벽이 만나는 모서리 지점이 갈라지는 것이었다. 발자국 소리는 그 어두운 틈 안에서 들려오고 있었다. 굉장히 육중하고 과감하지만 경망스럽거나 다급한 느낌은 아니었다. 동굴 속에서 품 넓게 공명하는 덩치 큰 짐승의 발자국 소리 같았다. 뇌리에 문득 커다란 상아를 가진 검은색 매머드가 떠올랐다. 틈을 향해 조심스럽게 몸을 움직였다. 입구는 어두웠으나 그 어두움이 괜히 친숙했다. 아무것도 식별할 순 없었지만, 뭔가를 의식하고 판단하기 이전에 내가 이미 그 어둠 속 세상을 겪어본 것만 같은 느낌이었다. 하지만 아무것도 분명한 건 없었다. 편안함과 낯섦이 교차하고 있었다. 동시에, 삶과 죽음, 꿈과 현실 따위도 경계 없이 버무려져 어둠 속에 녹아들어 간 것 같았다. 나는 그 모든 것들의 틈 속으로 천천히 걸어 들어갔다.

*

얼마나 들어갔을까. 끈끈하고 후텁지근한 열기가 느껴졌다. 계단을 한 칸 한 칸 딛는 것처럼 마디가 또렷하던 발자국 소리는 어느덧 희미하게 웅웅거리는 듯한 공기의 전면적인 파동으로 급전했다. 여전히 어두웠으나 검은 먹물을 칠한 것 같은 일반적인 어둠과는 질감이 달랐다. 명확히 분별하기 힘든 색들이 어둠 속에서 빠르게 교차하고 있었다. 질서 없이 마구 잘라놓은 헝겊 쪼가리 같은 것들이 색색으로 변화하며 펄럭이고 있었다. 무슨 나뭇잎 같기도 했다. 거기 맞춰 몸 안에서 크고 작은 목소리가 울려 나왔다. 남자의 목소리도 여자의 목소리도 있었고, 아이의 울음소리도 노파의 웃음소리도 섞여 있었다. 분명 사람의 말 같았으나 뜻을 알아들을 순 없었다. 걸음을 나아갈수록 색의 변화도 다채로웠고, 목소리 또한 크고 분명해졌다. 한국말도 외국말도 아닌 말소리를 따라 불현듯 어린 시절의 영상이 시간 순서 없이 뇌리에 펼쳐졌다. 길에서 어머니와 실랑이를 벌이는 일곱 살 때 내 모습이 어둠 한 귀퉁이를 밝히며 떠올랐다. 유치원복 차림이었다. 어머니 손을 잡고 유치원에 가는 중에 갑자기 집에 돌아가고 싶다며 떼를 쓰는 장면이었다. 얼추 40년 전의 일. 그때의 기분이나 심정 같은 게 느닷없이 되새겨졌다. 내게 유치원은 또래 아이들이 득시글거리는, 약간은 무섭고 폭력적인 공간이었다. 미끄럼틀을 독점하던 힘이 센 아이, 툭하면 얼굴이 붉어지던 나를 보고 계집애 같다고 약 올리던 부잣집 여자아이, 내가 가지고 놀던 장난감을 망가뜨리고선 혀를 쭉 내밀고 달아나던 아이의 얼굴이 40년이 지난 현재의 모습으로 다가오고 있었다. 길에서 우연히 마주친다면 전혀 알아보지 못했을 그들이 어둠 속에서 내게 알아들을 수 없는 말을 지껄이고는 빠르게 사라졌다. 심지어 2~30년 후 노인이 된 그들의 모습까지도 선명하게 떠올랐다. 흡사 스핑크스의 수수께끼 앞에 선 기분이었다. 그러고는 컷.

다른 장면. 스무 살 무렵의 나. 덥수룩한 장발에 불안한 눈빛으로 어느 어두운 골목을 서성거리고 있었다. 그런데, 가만 들여다보니 나 같기도 내가 아니기도 했다. 외양은 내 모습이 분명했으나 행동은 그렇지 않았다. 손엔 칼을 쥐고 있었고, 몸 여기저기 핏자국이 흥건히 묻어 있었다. 골목은 낯설었다. 왠지 한국이 아닌 것 같았다. 무슨 영사막에 뜬 형태처럼 나의 그림자가 어둡게 움직이고 있었다. 작은 무늬 속의 점을 확인하듯 눈의 조리개를 크게 확장했다. 나는 칼을 들고 있었다. 사람을 죽이고 있었다. 단언컨대, 나는 살면서 단 한 번도 살인을 한적 없었지만, 영사막에 비친 나는 사람을 죽이고 있었다. 스무 살의 나, "손, 손을 위한 세기. 나는 나의 손을 갖지 않으리라"던 랭보의 시구를 중얼거리며 방금 막 살인을 한 그 손을 자르려 하는 나. 그는 나이자 내가 아니었다. 그는 모든 살아 있는 사람이자 모든 죽어가는 사람이었다. 그 모든 사람들의 길면서도 찰나에 불과한 모습이 시간 경계 없이 순간을 번득이다가 다시 가없는 어둠 속의 미세한 무늬로 벽에 새겨질 것인가.

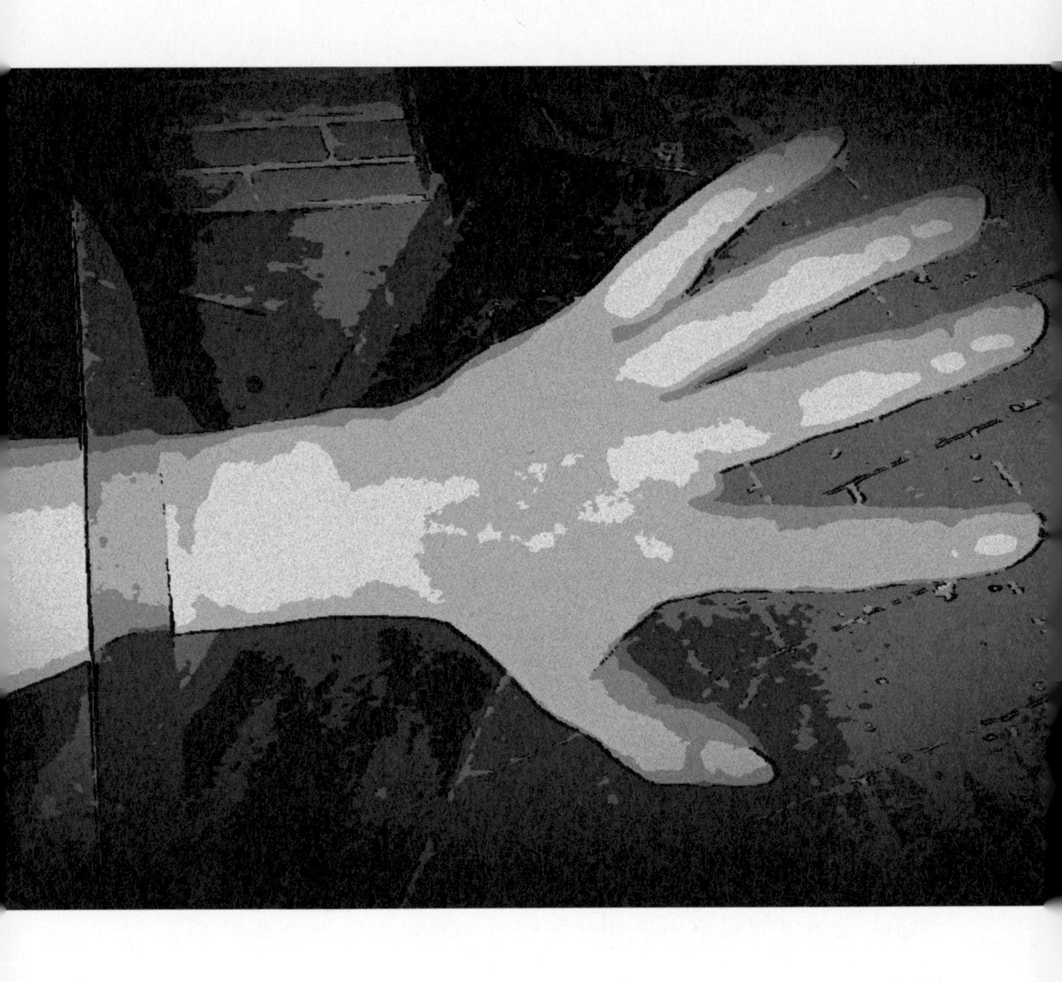

*

온갖 영상의 끝은 결을 잘 살필 수 없는 장막들로 금세 차단되었다. 울긋불긋한 피륙이 사위에 드리워진 이곳이 어느 커다란 짐승의 몸속이라는 생각이 든 건 피부를 통해서였다. 뭔가 끈적끈적하고 비릿한 체액 같은 것들이 온몸을 휘감고 있었다. 싸늘하면서도 뜨거운 그 느낌을 인간의 한정된 감각으로 표현하기는 힘들 듯하다. 나는 하얀 벽 사이에서 커다랗게 벌어진 짐승의 아가리를 통과해 온갖 생물의 무차별한 혼합으로 생성된 거대한 우주의 내장 속에 들어와 있다고 느꼈다. 살면서 단 한 번도 마주친 적 없으나 왠지 그 짐승의 형태를 선험적으로 알고 있다는 자각이 들었다. 나는 짐승의 안에 있으면서 동시에 짐승의 바깥을 서성이는 일종의 원자와도 같았다. 그 짐승의 형태를 그리라면 그릴수도 있을 것 같으나, 그 어떤 형태도 짐승의 완전한 모습은 아닐 것 같았다. 그때였다. 다시, 희미한 말소리 같은 게 들렸다. 뜻을 알아먹을 순 없지만, 들리는 대로 옮겨 적는다면 이 세계에선 여태껏 말해지지 않은 비밀 같은 걸 밝힐 수도 있을 것 같았다. 문득, 노래를 부르고 싶어졌다. 심호흡을 한 다음 소리를 내보았다. 터져 나온 소리는 사람의 말이 아니었다. 상처 입은 짐승이 복부를 긁어내는 듯한 소리가 어두운 궁륭 속에 크게 메아리쳤다. 슬펐다. 그리고 찬연했다. 소리의 파형을 따라 어두운 공간 저편에 붉고 노란 빛이 번득였다. 또다른 곳으로 넘어가는 입구이자 한 생애를 마친 다음에야 볼 수 있다던 이승의 마지막 출구 같았다. 나는 더 크게 소리쳤다. 가슴 한 복판이 뻥 뚫리면서 내가 오래도록 몸 안에 품고 있던 그 짐승이 비로소 눈을 뜨고 있었다. 오랫동안 내 심장을 부여잡고 대신 울어달라고, 그 울음으로 더 큰 우주의 한복판에 자신을 내던져달라며 숨죽이고 울던 바로 그 짐승. 내 안에 숨어 살면서도 나보다도 훨씬 크고 나를 품고 있는 이 세계보다 더 큰, 세계의 모든 근원을 품고 있는 바로 그 짐승. 그가 기어이 내 안에서 내 바깥의 빛으로 분화하고 있었다. 내 작은 포효가 더 큰 포효를 낳아 이렇게 외치고 있었다.

"너는 내 아들이다, 나를 아버지라고 불러라."

나는 대답 대신 더 울음으로 화답했다. 사위를 둘러싼 붉고 노란 장막이 싯누런 빛의 흑점으로 새하얗게 빨려들고 있었다. 내가 뱉은 울음이 나를 삼켜 빛의 중심에서 흩뿌려진 빛의 낱알로 분해되고 있었다. 그러다가 돌연, 시야가 새하얘졌다. 나는 내가 죽어가는 중이라고 느꼈다.

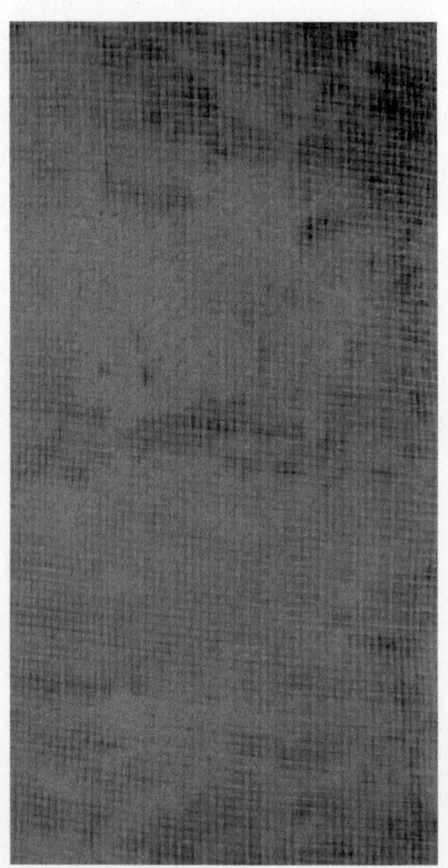

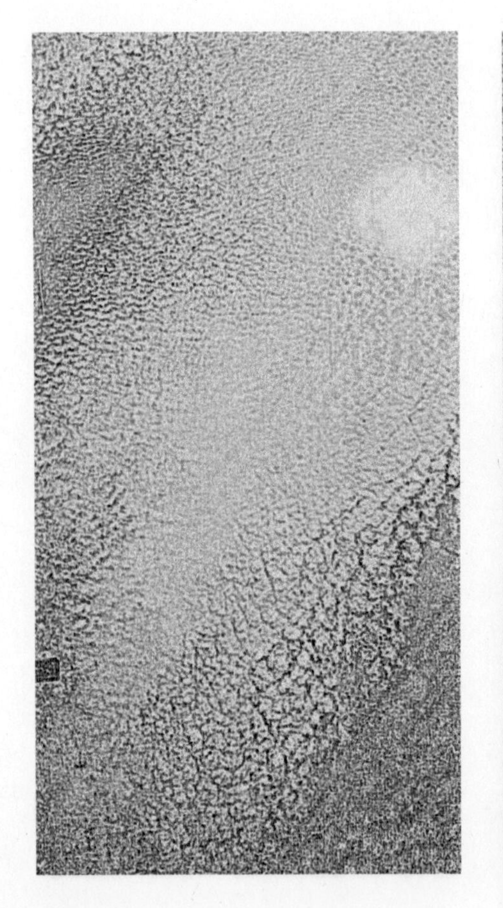

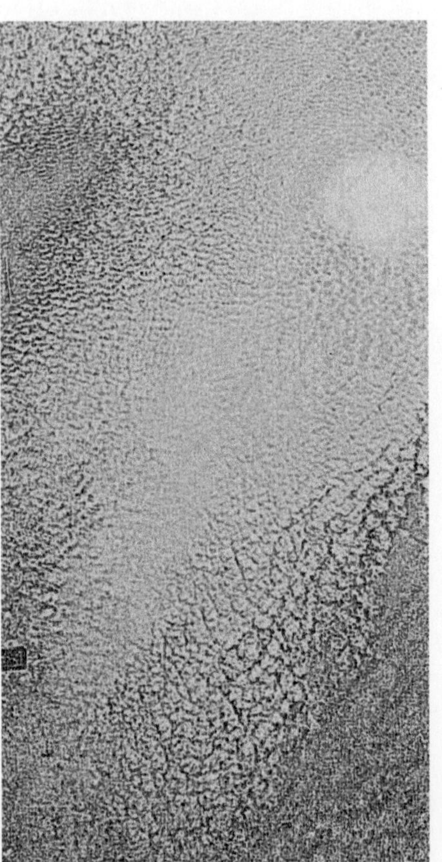

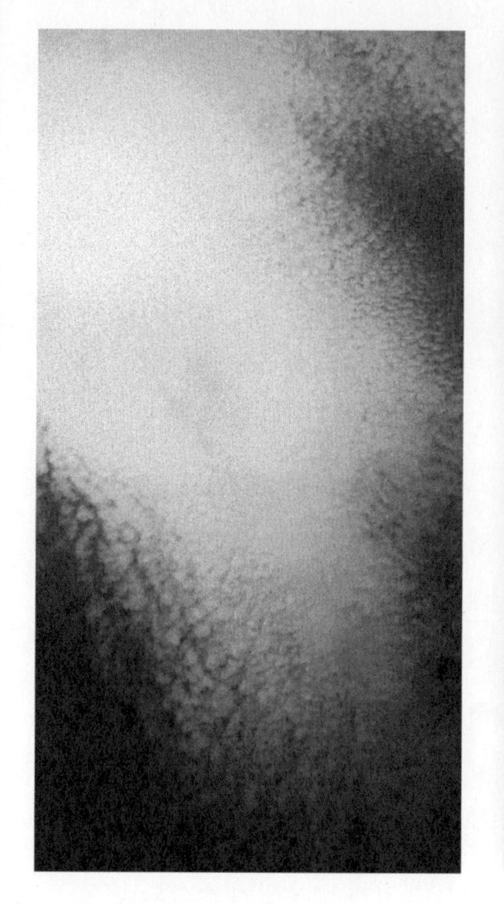

*

더이상의 꿈도 환각도 없는, 백지의 수면이 이어졌다. 얼마나 길었을까. 내 생애보다 길었을까 아니면 단지 한 식경에 불과했을까. 깨어나니 어느 작은 숲길의 정경이 눈에 띄었다. 이곳이 내 방인지 아직도 짐승의 내장 속인지 분간하기 어려웠다. 그럼에도 모든 게 익숙했고 따스했다. 언제인가 분명 이 작은 숲길을 걸은 기억이 있었다. 동시에 내 방에 잠들어 있는 내 모습이 시야에 어른거렸다. 내가 이미 죽어 유령으로 떠돌고 있는 건지도 몰랐다. 그러나 기분이 나쁘진 않았다. 얼마 전까지 내가 갇혀 있던 짐승의 외형을 분명하게 그릴 수 있을 것 같았다. 나는 방 안에서 잠들어 있는 내 모습을 뇌리에 홀로그램처럼 띄운 채 숲길을 걸었다. 나는 벌레만큼 작아져 있기도, 산봉우리만큼 커져 있기도 했다. 얼마쯤 걸었을까. 길섶에 커다란 나무가 하나 쓰러져 있었다. 누가 벌목하다 버린 것처럼 뿌리도 이파리도 없이 휘어진 몸통만 덩그러니 놓여 있었다. 그 형태가 매우 낯익었다. 처음 보는 나무였지만, 핏줄이 당길 정도로 친숙하고 눈물겨웠다. 카메라를 꺼내 그 모습을 찍었다. 육안으론 그저 버려진 나무에 불과했으나 액정 속에 담긴 모습은 그렇지 않았다. 그건 작은 용의 형태였다. 용이 여의주 대신 커다란 나무 통소를 물고 있는 모습이었다. 실제로 마주친 적은 없으나 분명히 내가 오래 가슴에 품고 있던, 내 안에 담겨 있어 스스로에겐 늘 미지이자 타자였던 내 우주의 진짜 아버지였다. 그의 유골이 나무의 형태로 아무도 눈여겨보지 않는 외진 숲길에 쓸쓸하게 버려져 있는 것이었다. 그 모습을 고이 담곤 하늘을 봤다. 해가 눈부셨다. 신의 카메라가 뜨겁게 줌 인 아웃 반복되고 있었다. 그 액정에 담겨 나는 몇 억 광년 떨어진 나의 방으로 되돌아왔다.

*

깨어나니 정오였다.

태양의 뒤편을 돌아 나온 나는 다시 0살이 되어 있었다.

눈앞에 하얀 벽이 있었다. 거기에 누가 깨어진 항아리와 대나무 퉁소가 놓여진 그림을 고즈넉하게 그려놓고 간 것일까.

강정 / 시 쓰는 남자. 노래를 만들어 부르기도 하고 가끔 연극 무대에 서기도 한다. 시집으로 『처형극장』 『들려주려니 말이라 했지만,』 『키스』 『활』 『귀신』이 있으며, 산문집으로 『루트와 코드』 『나쁜 취향』 『콤마, 씨』 등이 있다.

강정

꿈, 잠자리, 서커스

글·사진 박연준

어떤 날 7 travel mook

* 꿈, 꾸다

모든 여행은 꿈이다.

떠난다는 꿈. 이곳에서 잠시 사라지겠다는 선언.

다녀올게요, 라고 말하는 시간에 깃든 약속.

꿈을 '꾸다'라는 말의 사전적 의미는 "꿈을 보다"이지만, 가끔 '빌리다'로 오독하고 싶을 때가 있다. 여행은 꿈을 잠시 빌려오는 것이다. 어디선가 이야기를 데려오는 것이다. 어제 당신이 했던 말 속에서, 그늘을 기억하는 무의식의 헛간에서 '빌려'오는 것이다. 빌려온 꿈을 어떻게 갚아야 할까? 여행에 가서 빌려온 꿈을 두고 온다면. 적당한 곳을 골라 몰래 두고 온다면. 꿈을 꾸고, 갚고 하는 과정 속에서 여행이 깊어질 수도 있겠다.

* 기억나지 않는 꿈처럼

어릴 때는 모든 것을 처음 경험한다. 진정한 처음은 기억나지 않는다. 그게 처음인지도 모르고 사라지기 때문이다. 첫 여행에 대한 기억은 없다. 여행을 갔었다는 증거가 사진으로 남아 있을 뿐이다. 사진 뒷장에 1982년이라고 촬영연도가 찍혀 있다. 두 돌이 채 안 된 나와 스물여섯의 아버지가 바닷가 모래사장을 걷고 있는 모습이다. 빨간 비키니와 유아용 헝겊 모자를 쓴 내가 모래에 묻힌 발을 보고 있다. 장발에 청바지를 입은 아버지는 내 손을 잡고 정면을 보고 있다. 나는 오

른쪽, 아버지는 왼쪽에 서 있다. 내 짧은 팔과 다리는 비엔나소시지 묶음처럼 보인다. 살이 겹쳐져 아기 특유의 말랑한 주름이 잡혀 있다. 손목에 찬 팔찌와 비키니 때문에 나는 간신히, 여자 아기로 보인다. 젊은 아버지와 바닷가를 걸었던 기억은 없다. 아주 오래전에 꾸어 기억나지 않는 꿈같다. 나는 이 사진을 좋아한 나머지 따로 보관하겠다고 유난을 떨다 잃어버렸다. 소중한 것을 지키려면 적당히 무관심한 게 좋다는 것을 그때는 몰랐다. 사진을 많이 봐뒀기 때문에 생생하게 기억하고 있지만, 이제 물증이 없다. 어린 나와 아버지가 함께 손을 잡고 바닷가를 걸었다는 유추 기억만 남아 있다. 시간이 갈수록 기억은 추억이 되고, 추억은 꿈이 되겠지. 아무 일도 일어나지 않았던 것처럼 보일 것이다. 오른쪽에 아버지가 서 있지 않은 것처럼. 아무 일도 일어나지 않았던 것처럼 보일 것이다. 때로 죽은 사람은 한 번도 태어나지 않았던 사람 같다.

*** 첫 기억**

여행에 대한 첫 기억은 일곱 살 때다. 어른들을 따라 강원도 홍천으로 피서를 갔다. 삼십 년도 더 전의 일이다. 기억은 불확실할지 모르지만 그때 감정은 꽤 인상적으로 각인되어 있다.

처음 홍천강을 봤을 때의 그 생경한 느낌을 기억한다. 서울에서 자란 내게 산과 강은 낯설었다. 조부모가 계시는 시골집조차 없었으므로, 자연을 접할 기회도 많지 않았다. 그때 처음으로 강과 '제대로' 대면했을 것이다. 자연에 대한 첫인상은 좋지 않았다. 내게 자연은 무례하고 불편하고 거친 세계였다. 어른들은 순식간에 내 신발을 벗기고, 맨발로 자갈밭을 걸어보게 했다. 누군가 아름답다고 탄성을 질렀지만 나는 별 감흥이 없었다. 다만 뜨겁게 달궈진 조약돌을 맨발로 밟고 있으려니 얼굴이 절로 찌푸려졌다. 신발을 신고 싶다고 말해봤지만, 아무도 신발을 갖다주지 않았다. 누군가 내 옷을 벗기고 수영복을 입혔고, 튜브를 몸에 걸어주더니 강물에 나를 내려놓았다. 강은 차갑고 고요했다. 나는 젖은 돌멩이가 발바닥을 찌르는 것을 느끼며, 긴장한 채 물속에 반쯤 잠겨 있었다. 그다지 즐겁지 않았다. 고백하건대 나는 예민하고 까탈스러운 아이였다.

어른들은 멀지 않은 곳에 텐트를 쳤다. 두세 명이 누우면 가득 차는 크기의 삼각텐트였다. 나는 자연보다도 텐트가 더 마음에 들었다. 그곳이 비밀 장소처럼 느껴지기도 했고, 낯설고 위험천만한 자연으로부터 숨을 수 있는 안락한 공간으로 보였기 때문이다. 나는 젖은 몸을 이끌고 강물에서 빠져나와 텐트를 향해 걸어갔다. 꽤 먼 거리로 느껴졌고, 이미 오래전에 늙어버린 기분이었다. 젖은 수영복이 몸에 척척 달라붙었다. 물을 뚝뚝 흘리며 자갈길을 걸어가며, 나는 인생이 이렇게 힘들어서야…… 하고 생각했는지도 모르겠다. 누군가 나를 나무라듯 이렇게 외쳤던 게 기억난다. "인상 쓰지 말고!" 그즈음 내가 가장 많이 들었던 말이다. 인정한다. 나는 얼굴을 자주 찌푸리고 시무룩한 표정을

짓는 어린이였다. 그렇지만 어떤 아이들은 세상만사가 아름답지만은 않다는 것을, 어른들은 행복한 게 아니라 행복을 흉내 내고 있을 때가 더 많다는 것을 일찍 알게 되기도 하는 법이다. 성장보다 (마음의) 노쇠를 향한 에너지가 승한 아이들, 청승을 먼저 배우는 아이들이 있다. 인정한다. 그때 나는 지금보다 스무 배는 더 염세적이었다. 어른들은 종종 '애답게' 행동하라고 요청했지만, 나는 애다운 게 어떤 건지 몰랐다. 그저 '작은 인간'으로서 느끼고 생각하며 자라고 있었을 뿐이다.

그날 기분이 좋지 않았던 건 사실이다. 어른들이 마음대로 나를 이렇게 멀리까지 데려와서는, 내 신발을 벗기고 수영복을 입히고 강물에 던져놨으니까(물론 나이를 먹을수록 자연에 매료되었고, 지금은 도시보다 자연을 더 사랑하게 됐지만 어릴 때는 그렇지 않았다. 어릴 때는 자연에 무감하거나 싫어했다. 불편하고 위험한 게 자연이라는 것을 본능적으로 알았던 거다. 도덕경에 나오는 '자연은 인자하지 않다[天地不仁]'는 말을 일찍이 알아챘다고나 할까. 아이들은 그런 법이다). 어른들은 대체로 내 '의향'을 물어보지 않거나, 물어봐놓고도 듣지 않았다. 아이 입장에서 여행은 시작부터 끝까지 수동적으로 움직일 수밖에 없는 것이다.

물기를 털고 텐트 안으로 들어가 보았다. 나보다 먼저 잠자리 한 마리가 들어와 있었는데, 잠자리는 날개를 접고 얌전히 앉아 있었다. 나는 사촌언니와 함께 머리를 맞대고 잠자리를 관찰했다. 우리는 두번째 손가락과 세번째 손가락 사이에 잠자리 날개를 끼워 잡고 들여다봤다. 우리의 손에서 손으로 넘어갈 때마다 투명하고 얇은 날개에서 미세한 떨림이 느껴졌다. 배를 까뒤집어보자 잠자리의 가느다란 다리가 공중에서 애원하듯 꼼지락거렸다. 우리는 그 모습이 재밌어서 소리 내어 웃었다.

싫증이 나서 밖으로 나갔다 돌아왔을 때, 잠자리는 죽어 있었다. 그때 내가 느낀 감정은 간단하게 설명하기 어려운 것이었다. 잠자리의 죽음으로 내가 상처받았다고 보기에는 상처가 가벼웠고, 죄책감을 느꼈다고 보기에는 아직 윤리감각이 자리 잡기도 전이었다. 잠자리의 죽음은 그 여행에서 중요한 사건이라고 할 수 없었고 아무도 신경 쓰지 않았다. 그렇지만 나는 감정의 동요를 느끼고 있었다. 돌이켜 생각해보면 그때 내가 느낀 감정은 묽은 슬픔이었던 것 같다. 눈에 띄지 않아 또렷하게 볼 순 없지만 분명히 존재하는 것. 그게 무엇인지 설명할 수 없지만, 이름 붙일 수 없는 감정 하나를 새로 알게 된 것 같았다.

나는 잠자리가 나 때문에 죽었다는 것을 알았다. 어른들에게 말하지 않았지만, 말한다 해도 별 일 아닌 것처럼 넘어갔겠지만, 내 손을 탄 후에 잠자리가 죽었다는 사실은 변하지 않았다. 어쩌면 잠자리의 죽음 같은 것은 세상의 털끝도 건드리지 못한다는 사실이 어린 나를 불편하게 했을지도 모르겠다. 움직이던 생명을 더이상 움직일 수 없게 만들었는데, 아무도 추궁하거나 혼내지 않는다는 사실이, 조금도 관심을 끄는 일이 아니라는 사실이 서글펐는지도 모르겠다. 나쁜 짓을 해도 어른들이 모를 때, 오히려 나쁜 짓이 가끔은 용인된다는 것을 알게 됐을 때 어린 아이가 느끼는 외로움 같은 거였을까? 바지에 몰래 오줌을 싼 아이가 바지를 입은 채, 천천히 마르기를 기다리는 것처럼 나는

기다렸다. 감정이 지나가기를. 눈앞에 보이는 평온처럼 마음도 평온해지기를.

그날 저녁, 근처에서 서커스가 열린다고 했다. 남자 어른들은 강가에서 술을 마셨고, 고모와 사촌언니와 나는 서커스가 열리는 곳으로 찾아갔다. 그날 본 서커스의 구체적인 장면은 기억나지 않는다. 다만 그때의 분위기와 내가 느낀 감정만은 또렷이 기억하고 있다. 나는 낮에 잠자리의 죽음을 보았을 때보다 좀더 명확하고, 손에 잡힐 듯한 슬픔을 느꼈다. 자리에 앉아 서커스를 보는 동안, 울고 싶은 것을 몇 번이나 참고 참았으니까. 내가 울면 고모는 기껏 좋은 구경을 시켜줬는데 왜 우느냐고 화를 낼 게 분명했기 때문에 나는 눈물을 참았다. 사실 내가 울었다고 해도, 소란스러운 분위기 때문에 아무도 내가 운 것을 몰랐을 수도 있겠다.

기억한다. 천막 안에서 이루어진 곡예단의 기괴한 동작들, 분장을 과하게 해 눈코입이 얼굴 밖으로 흘러내릴 것처럼 보이던 소녀들, 그들의 가녀린 몸통, 흐느적거리는 팔과 다리, 사람들의 함성과 박수소리, 무대 위에 숨은 누군가를 찾으려는 듯 쥐새끼처럼 요리조리 움직이던 조명, 경박스럽기 짝이 없는 음악, 사람들의 달뜬 호흡. 이 모든 것이 어우러져 천막 안은 기묘한 광기로 휩싸였는데, 정말이지 나는 울고 싶었다. 그때 나는 무엇 때문에 슬퍼졌던 걸까? 어쩌면 무언가를 감지했을지도 모른다. 인생이 제 아무리 화려하게 치장을 한다 해도, 진실은 남루하다는 것. 박수를 받기 위해서 누군가는 가느다란 허리를 꺾거나 높은 곳에서 그네를 타야 한다는 것을 어렴풋이, 느꼈을지도 모르겠다. 대체로 아이들은 이해하기에 앞서 감지하니까. 그게 아이들의 특기이니까. 어른들이 설명을 해줘야 겨우 이해하는 것들을 아이들은 그냥 저절로, 알아채기도 하니까. 아이들과 동물과 귀신은 본질을 쉽게 파악하는 존재들이다.

첫 여행의 기억은 모든 여행의 기억을 간접적으로 지배한다. 그때 이후로 내가 가는 모든 여행에는 잠자리가 날고, 서커스가 벌어진다. 잠자리는 따라와 언제라도 죽을 준비를 하고, 여행지의 꿈속에서는 종종 서커스가 벌어진다. 내가 꿈의 천막을 걷고 밖으로 도망치면, 귓가에 맴도는 소리. 뒤따라오는 서커스 열기의 부스러기들. 그것들은 내 트렁크에, 머플러에, 모자에 들러붙은 채로 나와 함께한다. 가끔 여행지에서 내가 슬픔을 느끼는 이유는 이 때문일 것이다. 오래전부터 나를 따라온 것들.

박연준 / 순하게 빛나는 것들을 좋아한다. 모든 '바보 이반'을 좋아한다. 2004년 중앙신인문학상을 받으며 등단했다. 시집 『속눈썹이 지르는 비명』『아버지는 나를 처제, 하고 불렀다』가 있고, 산문집 『소란』『우리는 서로 조심하라고 말하며 걸었다』가 있다.

역몽버스

글·사진 신해욱

어떤 날 7 travel mook

보세요. 의사가 모니터를 가리켰다.

모니터 속에는 계단이 있다. 나는 줄을 서고 있다. 내 차례가 오자 계단은 착착 주름을 접고 바닥의 일부가 된다. 다다미방이구나. 어느새. 다다미의 사각형이 사방연속무늬가 되어 지평선 끝까지 펼쳐진다. 머릿속에 이렇게나 넓은 방이 들어갈 수 있다니. 놀람은 회전이 된다. 바닥은 천정이 된다. 새 바닥엔 새 다다미. 다다미 한 첩마다 게이샤가 등을 돌린 채 앉아 있다. 발이 닿으면 다다미는 밑으로 꺼진다. 게이샤도 꺼진다. 너도 꺼져.

악몽의 뚜껑인가요. 꺼지지 않은 내가 묻는다. 역몽, 입니다. 의사가 혀를 굴려 발음을 바로잡는다. 오케이. 나는 딱딱한 영어로 대답한다. 오케이라뇨. 쫓기는 거잖아요. 도망을 쳐야지. 왜 이러고 있어요. 태평하게. 잡히겠죠. 갇히겠죠. 영영. 꿈속에. 못 나와요. 끝이에요. 의사가 손가락으로 목을 긋는다. 모니터에 목이 뜬다. 역몽에 걸린 겁니다. 목유리 씨.

목유리는 돌아눕는다.
오진이었어.
목유리는 뒤척인다.
돌팔이.
목유리는 목을 만진다.
아니잖아. 끝이.
목유리는 눈을 뜬다.

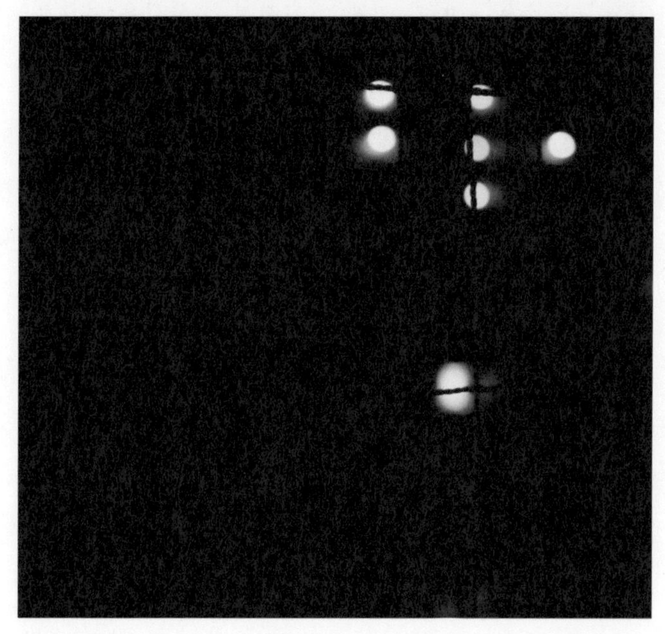

*

남향의 커다란 창으로 빛이 가득 든다. 환하다. 건조하다. 목이 따끔거린다. 생수병을 들고 창문 앞에 선다. 얼굴과 목과 어깨가 희미하게 유리에 반사된다. 역몽에 걸린 겁니다. 목유리 씨. 나는 목유리에서 금세 헤어나오지 못한다. 의사가 내 이름을 어떻게 발음했더라. 끊어 읽으면 몽뉴리. 연음하면 모규리. 몽뉴리. 모규리. 몽뉴리. 모규리. 역몽을 앓는 몽뉴리…… 목의 맥박이 만져지는 모규리……

교토에 와 있다. 간밤엔 몹시 추웠다. 히터를 내내 돌렸다. 섞이지 못한 냉기와 온기가 이슬이 되어 유리에 맺혀 있다. 소매로 닦아내려다가 손가락으로 병명을 적어본다. 햇빛을 받은 유리에서 물방울이 흘러내린다. 역몽, 도 물방울과 함께 흘러내린다. 창밖은 남쪽이다. 숙소는 10층이다. 소로를 따라 길게 이어지며 소실점을 만드는 전깃줄이 보인다. 남쪽이다. 외워야 한다. 저 앞의 길은 남쪽으로 뻗어 있다. 남쪽으로. 남쪽으로? 어떻게? 이내 나는 북쪽을 바라보고 있다는 착각에 붙들리고 만다. 앞쪽은 북쪽. 뒤쪽은 남쪽. 오른쪽은 동쪽. 왼쪽은 서쪽. 내 감각은 앞뒤 좌우와 동서남북을 구분하지 못한다. 앞쪽으로 트인 남쪽이 이해가 되지 않는다. 왼쪽으로 돌아야 하는 동쪽이 당황스럽다. 창밖은 남쪽이다. 내 눈에 오염된 창밖은 북쪽이다. 내 신체가 머무는 공간은 안팎의 방향이 통하지 않는다. 어쩌면 역몽의 경미한 증세. 어제도 그랬다. 오늘도 그럴 것이다.

어제는 은각사銀閣寺에 다녀올 예정이었다. 나서기 전 지도를 펴고 경로를 점검했다. 교토의 북동쪽. 32번 버스를 타면 된다. 정류장도 마침 가깝다. 이 정도면 무난하다. 헤매지 않아도 되겠지. 가뿐하게 나섰지만 엘리베이터를 타고 내려오는 사이 방향을 잃었다. 숙소의 창밖으로 보던 거리가 남쪽, 남쪽의 남쪽이 북쪽, 남쪽의 서쪽이 동쪽…… 어디서 버스를 타야 하지. 정류장을 찾아 갈팡질팡하다 다시 한번 방향을 잃었다. 일본의 자동차는 우리나라와는 반대로 왼쪽 차선을 달린다. 타야 할 버스가 선 자리는 도로 건너편. 무단횡단을 해보지만 버스는 떠나고. 다음 버스는 멀고. 숙소에서 정류장까지는 삼분 거리인데 버스에 오르는 데 한 시간이 걸렸다. 버스는 바로 좌회전을 했다. 북쪽으로 튼 건가. 도심을 가로지르는 대로에서 모서리를 돈 것이니 맞겠지. 북쪽이겠지. 아닌가. 4조를 지나 5조. 아니구나. 동서로 뻗은 교토의 대로는 1조에서 10조까지 번호가 매겨진다. 1조 거리가 가장 북쪽이고 10조 거리가 가장 남쪽이다. 4조를 지나 5조라면 남쪽으로 내려가고 있는 것이다. 스미마셍. 스미마셍. 급히 내렸다. 더이상은 뭐가 뭔지 알 수 없었다. 망연히 주변을 둘러보았다. *무엇을 할 것인가 둘러보아도 보이는 건 모두가 돌아앉았네*…… 옛날 노래만 궁상맞게 떠오르고. 돌아앉은 것들은 그저 돌아앉아 있을 뿐이고. 횡단보도를 건너 32번 버스만 타면 되나. 그러면 온 길을 되돌아갈 수 있나. 절대음감처럼 절대방향감 같은 것을 타고난 사람도 있겠지. 지도가 넘쳐나는 세상이니 인간의 꼬리뼈처럼 퇴화한 재능일지도 모르지만. 해와 별이 없어도 망망대해에서 길을 잃지 않는 사람. 남극과 북극의 지구 자기장에 신체가 반응하는 사람. 걸어 다니는 나침반 같은 사람. 왼손으로 네모를

그리며 오른손으로 동그라미를 그리듯 동서남북과 앞뒤 좌우를 또렷이 가를 수 있는 사람. 시계를 보았다. 5시였다. 2월의 해는 짧다. 은각사는 알아서 안녕하겠지. 배가 고팠다. 식당 간판을 단 목조가옥의 문을 열었다. 삐그덕 삐그덕 계단을 밟고 2층으로 올라가 꿈속의 다다미방에서 우동과 덴푸라를 먹었다. 내가 앉은 자리의 다다미 한 첩만 색이 진했다. 꿈속의 게이샤를 닮은 인형이 벽 선반에 서서 은근한 미소를 짓고 있었다.

*

목유리는 버스를 탄다. 다시 탄다. 일일패스를 끊어 아무거나 탄다. 데려다주는 대로 아무데나 가고 아무데도 아닌 데에 간다. 버스 대신 도로가 좌회전을 하고 우회전을 한다. 동서남북은 팔랑개비의 팔이 되어 제멋대로 돌다가 뭉개진다. 도비라가 시마이마스. 버스기사의 안내방송이 입에 붙는다. 문이 닫힌다. 도비라가 히라쿠마데 오마치쿠다사이. 속으로 따라 한다. 문이 열릴 때까지 기다린다. 내린다. 교토의 어딘가에 있지만 어딘가도 아닌 어딘가에 거꾸로 매달려 있는 기분이다. 역몽에 걸린 겁니다. 목유리 씨. 지도를 본다. 이정표와 꿰어보니 교토의 북서쪽이다. 해가 진다. 금각사金閣寺에서 멀지 않지만 금각사도 알아서 안녕하겠지. 편의점에 들어간다. 음료수를 사고 거스름돈을 받는다. 지갑에 1엔 동전이 수북하다. 반짝이는 알루미늄. 발밑에 개울이 흐른다. 반짝이는 물비늘. 밤이 온다. 반짝이는 불빛.

*

목유리는 버스를 탄다. 내린다. 탄다. 내린다. 내리고 보니 동물원 앞이다. 티켓을 끊는다. 차고 맑은 날씨. 맹수들의 기운이 넘친다. 호랑이무늬. 표범무늬. 기린무늬. 얼룩말무늬. 살가죽의 무늬들이 최면을 건다. 아름답게 어지럽다. 사람의 그림자무늬를 지나 파충류의 그늘 속으로 들어간다. 비단뱀무늬. 우유뱀무늬. 살무사무늬. 별거북무늬. 무늬들이 끝나는 외진 자리에 박쥐가 있다. 발톱으로 철망지붕을 붙잡고 거꾸로 매달려 있다. 몸통을 싸맨 날개는 검고 얇고 팽팽하다. 날개를 지탱하는 뼈와 관절이 보인다. 날개에 퍼져 있는 혈관이 보인다. 각진 물건을 무리하게 쑤셔 넣은 검은 비닐봉지 같다. 꿈틀거리는 비닐봉지. 비닐봉지의 밑이 터진다. 머리가 나온다. 까만 머리가 까만 눈을 뜬다. 비닐봉지의 배가 갈라진다. 쥐도 새도 아닌 몸뚱이가 나온다. 사타구니가 보인다. 오줌이 흘러내린다. 박쥐도 꿈을 꿀까. 위아래가 뒤집힌 역몽이겠지. 하늘로 추락하는 꿈. 바닥으로 비상하는 꿈. 안팎이 통하지 않는 역몽이겠지. 이토록 환한 낮의 외진 밤. 검은 비닐봉지에 담긴 하얀 꿈. 역몽에 걸린 겁니다. 목유리 씨. 의사의 말이 다시 스쳐간다. 어쩌면 박쥐가 옮긴 병일지도. 이 병의 원인과 증상에 대해 나는 이미 설명을 들었던 것 같다. 역몽에 걸린 사람은 꿈의 안팎이 반대가 된다. 꿈속은 목욕물처럼 온화한데 꿈꾸는 이마는 식은땀을 흘린다. 꿈속은 뜨거운 지옥인데 꿈꾸는 이목구비는 차분한 표정이다. 허약한 심장은 좋은 꿈을 견디지 못한다. 팔다리는 나쁜 꿈에 중독되어 간다. 가위에 눌린다. 나른하게. 벌레에게 뜯긴다. 황홀하게. 꿈속의 마음이 진물을 흘리면 꿈꾸는 얼굴엔 수포가 돋는다. 웃음의 수포. 말기 증상. 가렵다. 긁는다. 수포가 터진다. 이쪽 세계로 나오는 통로가 막힌다. 마음은 컴컴한 지옥에 갇힌다. 얼굴엔 천진한 웃음이 넘친다. 박쥐는 날개로 몸통을 싸매고 다시 고리에 매달린 비닐봉지로 돌아간다. 한무리의 아이들이 이쪽으로 몰려온다. 천진하게들 웃는다. 깔깔깔. 깔깔깔.

*

목유리는 버스를 탄다. 교토의 아스팔트가 아니라 비포장 흙길을 달리는 완행버스다. 시큼한 냄새가 난다. 바람을 쐬고 싶은데 창문이 열리지 않는다. 차창 밖은 벌판이다. 빛이 날린다. 빛이, 어떻게 날리는 걸까. 검은 점이 보인다. 추락한 박쥐인가. 눈을 비빈다. 점이 확대된다. 박쥐가 아니다. 고철더미 위에서 폐타이어가 녹고 있다. 도넛 모양이 아니다. 빛을 흡수하는 점액질의 검은 덩어리다. 내 몸뚱이도 저렇게 녹고 있는 느낌이 든다. 울렁거린다.

게워야 돼.

입을 틀어막고 화장실로 달려간다. 무릎이 꺾인다. 식도가 통째로 쏟아질 기세지만 나오는 건 노란 위액밖에 없다. 밤새 구토와 설사에 시달렸다. 동물원을 나와 저녁으로 먹은 초밥이 얹히고 말았다. 추

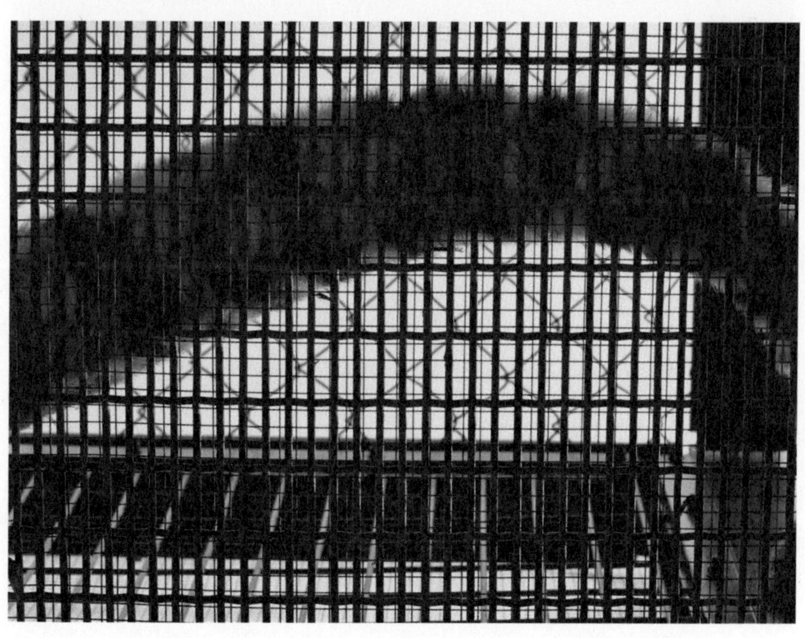

위에 떨었으면 따뜻한 오뎅탕이나 먹을 것이지 초밥은 무슨 얼어 죽을. 입이 텁텁하고 뼛속으로 한기가 든다. 따뜻한 물이나 차를 마실 수 있으면 좋겠는데. 또다시 화장실로 뛰어들어 성가신 절차를 치러야 할까봐 선뜻 입을 축이지 못한다. 어쩌지. 몇 시간 후엔 짐을 싸서 체크아웃을 해야 하는데. 어지럽다. 눕는다. 누웠는데도 어지럽다. 필리핀 어느 섬이었던가. 누우면 어지럼증에 시달리는 까닭에 서서 자는 사람이 있다고 했다. 그 사람도 이런 상태였을까. 머리맡을 축으로 침대가 회전한다. 한 바퀴, 에 이어 반 바퀴를 더 돌고, 흔들흔들, 정지. 천정에 거꾸로 붙들려 있는 것 같다. 박쥐가 옮긴 병, 맞나 보네. 눈을 뜨면 바닥으로 떨어질 것이다. 뜨지 않으면 배설물과 토사물의 꿈속에서 허우적거리겠지. 뜨자. 뜨는 쪽이 나을 것이다. 시트를 움켜쥔다. 뜬다. 보인다. 희끄무레하고 불룩한 동그라미. 전등이다. 천정 가운데. 있을 자리에 있을 것이 있다. 안도와 실망이 동시에 스친다. 눈은, 뜬 채로 있다. 보는 능력을 박탈당하고 '봄'을 당하고 있다. 망막에 초점을 맞추는 데에도 에너지가 필요한 거구나. 전등의 경계가 흐릿해지고 입체감이 사라진다. 전등은 전등 크기의 얼룩이 되어 둥둥 떠다니다가 두 개로 세 개로 나뉘었다가 어스름 속에 녹아 없어졌다가 얼룩덜룩한 잔상과 함께 다시 나타나기를 무작위로 되풀이한다. 날이 밝으면 병원엘 갈까. 뭐라고 하면 되지. 와타시, (배를 가리키며), 이따이데스? 의사의 목소리가 몽롱하게 미리 들려온다. 왜 이러고 있어요. 태평하게. 어쩌려고. 짐을 싸야죠. 도망을 가야죠. 역몽에 걸린 겁니다. 목유리 씨.

*

기차역의 코인로커에 짐을 넣어놓고 마지막 버스를 탄다. 5번이다. 구토와 설사가 멎었지만 아침은 먹지 않았다. 맑은 머리를 달고 있는 마른 껍데기. 간과 내장은 꿈속의 고철더미 위에 널어놓고 왔다. 별에 소독하는 중이다. 칼칼한 싸락눈이 내린다. 눈발은 완만한 사선을 긋다가 가파른 사선을 긋다가 한다. 바람을 염색하기에 좋구나, 싸락눈은. 비처럼 투명하지 않고 함박눈처럼 존재감이 강하지 않으니 바람의 시각적 표현에 이보다 알맞은 색소가 없을 것 같다. 도비라가 시마이마스. 문이 닫히고 버스가 출발한다. 체크아웃을 하고 나오면서 교토의 지리가 비로소 피부에 스몄음을 희미하게 깨달았다. 앞은 남쪽. 오른쪽은 서쪽. 역 앞으로 가는 206번 버스는 모퉁이를 돌아 맞은편 정류장에서. 터틀넥 스웨터의 긴 목은 팔에 끼우고 소매는 머리에 뒤집어쓰고 허우적대다가 간신히 목에 목을, 팔에 팔을 맞춰 넣은 듯한 기분이다. 낙낙한 안정감이 돈다. 가벼운 흥분이 번진다. 정전기가 일어 머리는 산발이 되었지만 제대로 입은 것이다. 이 도시가 이제 몸에 맞는 것이다. 사쿠라도 단풍도 쌓인 눈도 없는 메마른 2월. 바람이 잦아든다. 창밖의 싸락눈이 수직선을 긋는다. 팔랑개비 방향계가 느려진다. 동서남북 네 개의 팔이 낱낱으로 보이기 시작한다. 앞은 동쪽. 왼쪽은 북쪽. 버스는 좌회전을 한다. 왼쪽은 서쪽. 앞쪽은 북쪽. 떠날 시각이 되어서야 방향이 잡히니 유감이다. 아니다. 떠날 시각이 되었으므로 떠날 곳에 몸이 맞게 된 것일지도. 거꾸로 매달려 있던 목유리가 천천히 제자리로 돌아온다. 나는 버스의 맨 뒷자리에 바로 앉아 있다. 절대방향감 같

은 것이 지금은 부럽지 않다. 느리게, 둔하게, 어렵게 익히는 열등한 학습자의 쾌감을 길의 천재들은 알 리 없겠지. 타고 보니 5번 버스는 완행이다. 시내의 정류장을 하나하나 거쳐 교외로 나간다. 창밖의 싸락눈이 산만한 휘날림으로 바람의 궤적을 다시 그린다. 구름 사이로 빛이 든다. 잠깐. 빛이 날린다.

신해욱 / 시인. 시집 『생물성』 『syzygy』, 산문집 『비성년열전』 『일인용 책』 등이 있다.

지호

글·사진 요조

한동안 꿈에 어떤 장소가 나타난 적이 있었다. 그 장소에 대해서는 자세하게 묘사하기 힘들다. 어떤 특징이랄 것이 하나도 없는 그냥 좁고 휘어진 골목길이라서, 어쩌면 매번 다른 골목길이었는지도 모르겠다. 그러나 늘 드는 생각은 같았다.

'여기는 지호네 집에 가는 골목이잖아.'

초등학교 3학년 때였나. 나는 지호와 같은 반이었다. 김지호였는지 이지호였는지. 전혀 다른 이름이었을지도 모른다. 나는 지호라고 기억한다. 약간 통통하고 똘똘하게 생긴 타입에 반듯한 이미지. 뚜렷한 쌍꺼풀이 있었고 눈동자는 밝은 갈색, 웃을 때는 보조개가 깊게 들어가고 눈주름이 잡혔다. 나는 지호를 좀 좋아했다. 우리는 종종 집에 같이 갔다. 주로 지호가 말을 하고 나는 들었다. 이런저런 이야기를 들은 바로 지호는 굉장히 넓고 좋은 집에서 화려한 생활을 하고 있는 것 같았다. 조금 이상하긴 했다. 우리가 같이 걷던 골목길은, 아니 그 동네 일대는 도저히 그런 좋은 집이 있을 리가 없게 후줄근했기 때문이다. 나는 지호네 집에 놀러가고 싶었다. 우리가 좀더 친해지면 자연스럽게 나를 집으로 초대해줄 거라고 생각했다. 고분하게 그때를 기다렸다. 우리는 언제나 좁고 휘어진 골목길을 돌아 어느 정도 걸었다. 그러다 갈림길이 하나 나오고 지호는 직진, 나는 좌회전을 한다. 그때 우리는 손을 아이답게 빠이빠이 흔든다.

어느 날 평소처럼 우리는 골목을 걸었다. 좁고 휘어진 골목을 돌았다. 저 멀리 우리 집과 비슷하게 생긴 후줄근한 어느 집에서 한 아주머니가 나오는 것을 보았다. 아주머니는 우리를 발견하더니 무척 반갑게 손을 흔들었다.

지호는 얼굴이 붉어졌다. 우리 이모야. 지호가 말했다. 나는 아무 말도 하지 않았다. 저기는 이모네 집이고. 지호가 또 말했다. 나는 역시 아무 말도 하지 않았다. 갈림길이 나왔고, 나는 좌회전하였다.

누가 봐도 알만한 이야기이다. 지호는 나에게 거짓말을 했다. 그러나 나는 지호를 믿었다. 아, 저 아줌마는 지호의 이모이고, 저 집은 이모네 집이구나.

한 치의 의심도 없이 그렇게 생각했다. 지호가 민망할까봐 일부러 그렇게 생각한 게 아니었다. 나는 저 아줌마가 사실 지호의 이모든 엄마든 아무 상관이 없었다. 나는 지호를 보았고 지호의 말을 들었고 들은대로 믿을 뿐이었다. 아줌마의 정체가 무엇이든 그것은 우리 둘 사이에서 별로 중요한 문제가 아니었다.

시간이 흘러 그 아줌마는 지호의 엄마였고, 당연히 그 집은 지호의 집이었다는 사실을 지호가 말해주지 않아도 알 수밖에 없었을 때에도 그게 상처가 되었다거나, 지호에게 실망했다던가 하지도 않았다. 다만 그런 걸로 새삼스레 실망하고 서운해하는 건 무척 시시한 일이라고 생각했을 뿐이었다.

그 좁고 휘어진 골목길이 꿈에 자주 나왔다. 언제부터인지 정확히 모르겠지만 잊을 만하면 등장하는 골목길. 그리고 나는 어김없이 여기는 지호네 집에 가는 길이라고 생각한다. 이 코너를 돌면 저 멀리 지호네 집이 보일 거라고 기대한다. 그러나 막상 코너를 돌면 상황은 늘 달랐다. 한 번은 내가 아슬아슬한 난간 위에 서서 멀리 있는 장미꽃을 꺾으려고 한 적도 있었고, 한 번은 광활한 광야가 뜬금없이 나타난 적도 있었다.

3년 전이었을 것이다. 꿈에서 그 골목길의 모퉁이를 돌았을 때 거대한 성이 나타났던 것은. 정말 거대한 성이었다. 입구로 들어서자 또다시 문이 나타났다. 그 문을 다시 열었다. 나는 빨간 벽지로 둘러쳐진, 침대가 하나 놓여 있는 작은 방에 있었다. 그 방에는 어떤 여자도 함께 있었다. 마치 러시아 여자처럼 창백하도록 하얀 피부. 구불구불 탐스러운 금발머리가 허리까지 길었다. 너무나 전형적으로 아름다워 징그러웠다. 그녀는 침대에 기대어 서서 나를 지긋이 바라보다가 천천히 옷을 벗기 시작했다. 어쩌면 저렇게 인형처럼 예쁠 수 있는지 의아했다. 그런데 결국 옷을 다 벗은 그녀의 알몸을 보니 그녀는 정말 인형이었다. 양 어깨 관절과 고관절이 갈라져 있었고 봉긋 솟은 가슴엔 유두가 없었다. 당연하게도 성기 역시 없었다. 그녀는 침대에 올라타 다리를 벌리고 누운 채로 나를 올려다보았다.

아무것도 없는 밋밋한 그녀의 사타구니에 손을 올려놓았다. 고관절의 갈라진 틈을 가만히 만져보기도 하였다. 나는 슬퍼져서 가만

히 그 방에 있던 아무 문을 열고 나가버렸다. 그곳은 또다른 방이었고 거기엔 또다른 문이 있었다. 그래서 문을 열면 또 방이 나오고, 또 문이…… 끝나지 않을 것처럼 문을 열고 열어서 나는 가까스로 그 성을 빠져나왔다.

그게 마지막이었다. 그날 이후로 꿈에 그 골목길이 나온 적은 없다. 지금도 그 꿈은 그냥 그럴듯한 개꿈이라고 생각하고 있다. 그럼에도 불구하고 그냥 아주 가끔, 아주 가끔, 아주 가끔. 그때 그녀에게 재미 삼아 한 번 불러 볼 걸 하는 생각이 든다.

지호야, 하고.

요조 / 뮤지션. 〈1집 Traveler〉 〈모닝 스타〉 〈2집 나의 쓸모〉 등이 있다. 지은 책으로 『요조, 기타 등등』이 있다. KBS 라디오 〈요조의 히든트랙〉을 진행했고, JTBC 〈김제동의 톡투유-걱정 말아요 그대〉 등에 출연하고 있다. 서울 종로구 계동에서 '책방 무사'를 운영하고 있다.

그대의 '꿈꿀 권리'

글·사진 위서현

* 잃어버린 '꿈꿀 권리'

스스로 경험하지 못하고 알지 못하면 그것을 말할 수 없다. 말한다 해도 진정성이 담기지 않은 말은 마음으로 전해지지 않는다. 그저 한낱 문자로 겉돌 뿐이다. 오랫동안 '꿈'은 내게 완벽히 죽어 있는 단어였다. '꿈'이라는 단어가 시시하기만 했던 시절. 그러던 어느 날, 나는 삶의 한 계단 앞에서 세차게 넘어졌다. 작은 탈출구 하나 없었던 밀폐된 시간, 그 깊은 어둠의 터널에서 나를 살게 하고, 내게 의지를 갖게 한 것은 오직 '꿈'이었다. 살면서 진실한 꿈 하나 가져본 적 없던 내가 어떻게 그 칠흑 같은 어둠의 시간에 빛나는 꿈을 품었을까. 내 안에 간절한 꿈이 어떻게 들어설 수 있었을까. 뒤돌아 생각하면 꿈꾸지 않고서는 단 하루도 버틸 수 없던 날이었기 때문이다. 꿈이 없다면 삶의 의미를 부여할 수 없었기 때문이다. 꿈이 있기에, 꿈을 품었기에 다시 일어설 수 있었던 그 시간을 지금도 잊지 못한다. 그 꿈은 지금도 내 안에서 여전히 빛나고 있다. 꿈이란 비루한 일상에서도 나를 빛나는 시간 속에 살 수 있게 만들어준다. 눈에 보이지 않는 것을 볼 수 있게 하고, 세상에 존재하는 것을 통해 존재하지 않는 것을 볼 수 있게 하며, 존재하지 않는 것을 보며 땅 위의 살아 숨 쉬는 모든 것을 다시 바라보게 해준다. 그것은 환상의 옷을 입은 현실, 손에 만져지지 않는 진실이다.

* 꿈을 그리다

가스통 바슐라르Gaston Bachelard는 그의 책 『꿈꿀 권리Le droit de reve』에서 그야말로 진귀한 미술론을 펼쳐낸다. 꿈꾸는 자들이 화폭과 판화, 조각에 담아낸 이야기를 바라보며 그는 자신의 꿈을 또다시 풀어 낸다. 그만의 언어로 샤갈의 그림을 그리고, 마르쿠시의 판화를 찍어내며, 플로콩의 조각에 손을 댄다. 바슐라르에게 인생은 꿈이다. 체험을 넘어서 꿈꾸는 것만이 진실하다고 믿으며, 많이 꿈꾸고 깊이 꿈꿀 수 있는 사람이야말로 가장 풍부한 생을 사는 자라고 말한다. 그렇게 예술가에게 다가간다. 모네, 샤갈, 바로키에, 칠리다, 코르티, 마르쿠시, 플로콩의 작품을 통해 그들의 시선 속으로 들어간다. 그리고 자신만의 몽상을 풀어내고, 예술가의 몽상과 뒤섞여 독자로 하여금 절묘한 전율을 일으키고, 또다시 독자의 몽상으로 이어지게 한다. 그것은 삶과 죽음을 넘어 예술작품 - 그림과 조각, 문학 - 을 매개로 한 신선한 이어짐이다.

여기 바슐라르와 모네의 아름다운 만남이 그려지고 있다. 모네의 그림을 바라보는 바슐라르. 그는 그 속으로 정신없이 빠져든다. 그림 속의 수련, 수련을 담아내는 물, 물 속 깊은 곳의 진흙. 전체를 아우르는 새벽 공기. 바슐라르는 한 폭의 그림 앞에서 그것들을 깊이 음미한다. 그리고 이른 새벽, 물감과 캔버스를 들고 집을 나서 강가에 고요히 앉아 있는 클로드 모네를 본다. 모네가 앉아 있는 공간은 모든 것이 살아 있다. 머리칼을 건드리는 바람, 물의 냄새, 새벽 공기의 촉감, 발에 닿는 흙의 촉감…… 바슐라르는 모든 것을 실제로 느낀다. 그리고 모네의 시선 속으로 들어간다. 모네의 시선으로 바라본 풍경은 더욱 기묘하다. 자연은 숨을 쉬고 물거품은 중얼거린다. 식물은 한숨을 쉬고 연못은 신음한다. 더할 나위 없이 밝은 아침, 웃음에 넘치고 꽃으로 가득 차 있는데도 물은 답답함을 숨기고 있다. 꿈꾸는 화가 모네는 이 우주

의 움직임과 살아 있는 것의 가련함에 붓을 들고 만다. 모네가 화폭에 담는 순간, 연못의 수련은 더 아름답고 더 커다랗게 된다. 짧고 격렬한 역사를 지닌 수련, 낮과 밤의 리듬에 충실하게 복종하며 새벽의 순간을 알리는 정확성을 예찬하며 수련은 세계의 한순간으로 기록된다. 그리고 순간을 살았던 수련은 영원으로 이어져 우리에게로 전해져 온다.

바슐라르는 그 맑은 아침, 연못 한가운데의 수련과 모네가 만난 순간을 글로 상상한다. 그는 세계란 본질적으로 보이기를, 누군가에게 발견되기를 바라고 있다고 표현한다. 모네와 수련의 만남, 어쩌면 그것은 사랑과도 닮아 있다. 숨어 있던 무엇을 발견하고 알게 되고, 숨어 있는 아름다움을 찾아주고, 그 안의 슬픔과 아름다움, 밝음과 어둠, 화려함과 가련함을 모두 이해하는 순간, 그것은 내게 다가오고 하나의 의미가 되며, 그렇게 순간은 영원으로 이어진다.

바슐라르에게 물은 꿈의 세계다. 그의 언어와 마음과 생각이 정신없이 몽환으로 빠져들게 만드는 과정을 통해 인간사의 깊은 중심으로 들어가는 귀중한 꿈의 재료다. 그는 물이나 불처럼 태초부터 존재한 것들을 보며 부드러운 몽상으로 들어간다. 그것은 인간사, 소소한 일상에 들어 있는 영원의 이미지로 연결되며 바슐라르의 글을 읽는 우리에게 깨달음을 주고 영감을 준다. 물의 이야기에 귀를 기울여 물의 말을 우리에게 전해준다. 어쩌면 그는 자신의 글이 지식이나 깨우침이 되는 것을 원치 않았는지도 모른다. 예술작품이나 자연이 그에게 꿈을 꾸게 만들었듯이 자신의 글도 아득한 몽상의 세계로 이끄는 매개체가 되기를 바랐을 것이다.

바슐라르의 언어는 나를 회색빛 도시에서 하늘로 둥실 떠오르게 만든다. 내 마음은 밤의 바람을 따라 자유로이 별 사이를 날아다닌다. 샤갈의 그림을 통해 바슐라르가 들어선 아름다운 지상 낙원, 행복으로 귀결될 수밖에 없는 우주 속으로 내 마음을 이끈다. 그 우주 한가운데에서 나는 행복하다. 아름다움에 대한 사랑, 그 이면에 담긴 외로움과 서글픈 운명에 대한 동정심, 그리고 따뜻한 격려. 그것은 작품을 창조한 예술가를 통해 담겨졌지만, 작품을 보며 꿈꾸던 바슐라르의 해석을 통해 나는 꿈길로 들어설 수 있다. 그 꿈길은 몽환적이고, 한없이 슬프고도 찬란한 내 안의 꿈이다.

바슐라르를 통해 작품으로 걸어 들어가는 열린 길은 아무것도 정해진 것이 없다. 살면서 나의 눈에 스쳤던 모든 것이 되살아난다. 내 안에 잠든 경험이 하나하나 깨어나 말을 걸어온다. 저 깊은 곳에 묻어둔 꿈, 불가능이라고 덮어둔 판타지가 현실로 살아난다. 내 안에 존재하지 않았던 놀라운 세계로 발을 디디는 용기를 주기도 한다. 바슐라르의 몽상을 따라, 낭만의 꿈길을 따라 나의 마음이 이리저리 헤매는 것. 세계의 놀라움을 온 감각으로 느끼는 것. 그것은 인간에게 주어진 권리다. 바로 '꿈꿀 권리'다.

*** 아름다운 몽상가를 따라**

바슐라르에 따르면 샤갈은 우주의 창조자이다. 샤갈은 성서를 읽고 그 안에서 꿈을 꾸었다. 샤갈의 독서는 곧바로 한 줄기 빛이 되어

가장 위대한 과거를 바라보고 발견하며 드러낸다. 살아 있는 눈으로 바라본 낙원시대의 색을 이야기하고 선지자의 얼굴을 그려낸다. 우리가 샤갈의 그림을 볼 때마다 마음이 생동하는 이유이리라. 사과를 앞에 둔 아담과 이브, 거대한 유혹 앞에서 나눠가진 호기심. 그것은 어떠한 것이었을까. 그 미묘하고도 치열한 마음을 나는 상상할 수 없다. 그러나 샤갈은 달라서, 그는 아담과 이브의 마음속으로 들어간다. 생명력을 잃지 않는 이스라엘의 운명은 선지자의 얼굴에 담는다. 인간의 마음에 파고들어 꿈꾸기 위해서는 하나의 인간이 되어야 한다. 옛 선지자를 현실로 끌어내기 위해 그의 마음을 꿰뚫어보았던 샤갈은 심리학자인 셈이다. 인간의 생동감을 가진 개성적인 선지자를 만들어낸 샤갈은 창조자인 셈이다. 샤갈은 그 고통스런 창조의 시간을 자신의 아름다운 권리로 삼는다. 그 절대 고독 앞에서 차근차근 꿈을 꾼다.

바슐라르는 샤갈이 창조한 선지자들에게서 공통된 특색을 발견한다. 바슐라르에 따르면 그들은 모두 '샤갈적'이다. 그들에겐 창조의 낙인이 찍혀 있다. 우리는 샤갈의 작품에서 창조적 상상력이란 결국 인간의 권리이자 습관임을 깨닫는다. 샤갈은 그가 읽은 모든 것을 본다. 성서를 읽으며 깊이 생각한 것을 그려내고 조각하고 새기며 색과 진실이 넘쳐흐르게 한다. 샤갈은 이야기의 중요한 순간을 확실하게 포착해낸다.

음악을 창조하는 작곡가나 그것을 재해석하는 연주자, 백지에 꿈을 풀어나가는 소설가, 돌덩이에서 아름다운 인간상을 끄집어내는 조각가…… 우리에게 영감을 주는 예술가의 삶에는 창조적 습관이 있

다. 그들은 작업을 하기 전에 몽상의 세계, 즉 생각을 위해 꿈의 세계로 들어간다. 그들은 하나의 사물 혹은 심상을 깊이 생각하는 몽상가이다. 바슐라르는 우주의 새로운 탄생에 전 존재를 맡기지 않고서는 꿈의 세계로 다가갈 수도, 가까이 살아갈 수도 없다고 말했다. 그렇게 온몸과 마음을 꿈의 세계에 푹 젖게 하는 과정이 지난 후, 바슐라르는 내밀한 속성을 발견하고 풀어낸 것이다.

위대한 예술가의 작품 앞에서 우리는 바슐라르와 같은 몽상가가 되어야 한다. 위대한 작품을 응시하고, 그 안에 숨겨진 창조의 싹을 발견하고 싶다면 커다란 우주의 이야기를 받아들여야 한다. 위대한 작품은 깊이 있게 움직이는 빛을 우리에게 드러내고, 우리 앞에 창조의 씨앗을 싹트게 하고 꽃을 피우게 한다. 여기에 꿈의 의미가 있다. 꿈꾸는 예술가가 존재하는 의미가 있다. 우리에게 꿈의 세계로 진입하게 만드는 것, 그리고 도와주는 것. 오래전 예술가들이 꾸었던 꿈의 세계로 동참하게 하고, 그 세계로부터 빠져나와 나만의 고유한 꿈의 세계로 들어가게 하는 것. 그것이 바로 꿈꾸는 자, 아름다운 몽상가가 창조한 위대한 예술의 의미이자 역할이다.

* 꿈, 그 여행의 시작

삶은 꿈을 꾸는 것이고, 그 꿈을 현실에 창조하는 것이다. 잠들어 있거나 억눌려 있어서 인식하지 못할 뿐, 분명히 우리 안에 존재하는 꿈. 형태가 없는, 연기 같은 심상에 숨을 불어넣는 순간, 우리의 삶은 꿈처럼 아름다워질 것이다. 그 꿈을 눈에 보이는 것으로 옮기는 순간 우리는 창조자가 될 것이다. 그 시작은 마음에 떠돌아다니는 흐릿한 이미지에 마음과 생각을 싣고 꿈길을 떠돌아다니는 것이다. 긴장할 필요는 없다. 그저 그 흐름에 나를 맡기면 될 뿐. 바슐라르는 샤갈의 작품을 보며 미묘하고 불안정한 변증법이라고 말했다. 작품 속 인물의 시선은 결정적인 불행, 인간의 지고한 운명을 필연적으로 극화하는 불행을 꿰뚫고 있다고 보았다. 언제나 아득한 슬픔의 흔적을 지닌 그 눈은 부드러우면서도 날카롭고, 바슐라르는 그것을 동정이자 용기라고 해석한다. 그것은 어쩌면 몽상을 통해 꿰뚫어본 인간사의 본질, 삶의 정수가 아닐까. 꿈꿀 권리를 포기한 인간은 삶의 본질을 바라보고자 하는 의지와 용기를 잃어버린 건지도 모른다. 그 과정을 통과한 자만이 진실로 자기 자신이 되고, 그런 자만이 믿어지지 않는 일도 깊이 살필 수 있는 눈을 갖게 된다. 모든 것을 직면할 커다란 용기와 의지는 삶의 진실에 담긴 슬픔을 위로하는 힘을 지니고 있다는 걸 잊어서는 안 된다.

바슐라르의 꿈꾸는 방식과 창조의 습관은 엄청난 성실성과 오랜 시간을 견뎌 나온 것이다. 물의 진정성을 알기 위해, 부드럽고 단순한 물질에 동화하기 위해 그는 오랜 시간 물과 가까워지기 위해 노력했다. 조용하고 순종적인 물의 속성을 이해하기 위해 오랫동안 꿈꿔온 바슐라르. 그 꿈이 창조를 시작한 바슐라르의 첫 단추였다. 그렇다. 꿈을 꾸는 것은 위대한 일이다. 위대한 내가 되는 시작이다. 땅에 내동댕이쳐진 꿈꿀 권리를 다시 주워들고, 꿈이 말하는 이야기를 들을 수 있다면 우리는 믿을 수 없는 삶의 비밀을 알게 될 것이다. 삶이 요구하는 이야기를 듣게 될 것이다. 조각가가 수많은 돌 가운데 운명의 광석을

선택하고, 차가운 돌에 숨겨진 빛, 그 새빨갛게 뛰고 있는 심장을 찾아내듯이, 온 존재를 창조자에게 맡긴 돌이 생명을 얻고 존재의 의미를 찾아 영원으로 이어지듯이, 우리의 꿈도 마찬가지이리라.

우리 안의 꿈은 전 존재를 맡길 하나의 손길을 기다리고 있다. 우리의 꿈은 누구도 흉내 낼 수 없는 자신만의 세계가 펼쳐지기를 간절히 기다리고 있다. 검게 죽어버린 꿈이 되살아나 숨을 쉬고, 생명을 지니고, 의미를 지니게 하는 것. 그것이 내가 누려야 할 아름다운 꿈의 권리다.

위서현 / KBS 아나운서. 연세대 대학원에서 심리상담학을 공부했다. KBS 1TV NEWS 7, 2TV 뉴스타임 앵커, 1TV 〈독립영화관〉 〈세상은 넓다〉, KBS 클래식FM 〈노래의 날개 위에〉 〈출발 FM과 함께〉 등을 진행했다. 지은 책으로 『뜨거운 위로 한 그릇』이 있다.

꿈으로부터 온 문장들

글 이제니
사진 이에니

어떤 날 7 travel mook

아름다운 곳에 있는 꿈을 꾸었다. 깨어나 보니 흐릿한 슬픔만 흐르고 있었다. 침대 옆 벽에는 몇 장의 사진이 붙어 있다. 쌍둥이 언니가 이곳 저곳을 여행하면서 찍어 보내온 것들이다. 오래도록 들여다봐서인지 이제 그 모든 풍경들을 내 피부처럼 느낀다. 아침은 멀지 않았고. 꿈밖은 여전히 멀었고. 나는 다시 눈을 감았다. 감은 눈 속에서는 가지 못할 곳이 없었다. 감은 눈 속에서는 만나지 못할 것이 없었다.

*

거울을 통해 어렴풋이

접어둔 꿈을 펼친다. 너는 잊어서는 안 되는 것을 잊었고. 텅 비어 있는 것은 다름 아닌 네 자신의 마음이었다는 것을 뒤늦게 알아차린다. 이해받지 못한다고 느끼는 연약하고도 슬픈 기질이 아주 어린 시절부터 너를 문장이라는 말의 그늘로. 아니. 문장이라는 종이의 여백으로 너를 이끌었고. 혼자만의 방에서도 오래도록 외롭지 않았던 것은 네 오랜 꿈의 원형인 듯 책상 한구석에서 타오르던 어둡고 희미한 불꽃이 매순간 너와 함께 네 마음속에서 타오르고 있었기 때문이다. 접어둔 꿈을 펼친다. 거리는 거리로 이어지고 집은 집으로 이어져. 첫번째 집은 문이 없었고. 쉽게 다음으로 건너뛰지 못하는 미련한 마음이 다음 집과 다음 집도 첫번째 집으로 오인하도록 하였기에. 결국 네가 찾고 있는 것은 열리지 않는 문이라는 듯이 너는 너 자신을 속였으나. 이내 문이 있는 집이 나타났고. 당연하게도 너는 문을 열고 들어가

지 않았고. 지금껏 줄곧 그래왔듯이 너는 첫번째 집을 찾아 헤매듯 다음 또 다음으로 천천히 천천히 건너뛰었고. 결국 네가 찾고 있는 것은 문이 없는 집이라는 사실을 너 스스로도 인정할 수밖에 없었고. 그러니까 결국. 끝없이 끝없이 바깥으로만 바깥으로만 떠돌도록 하는 모종의 이유가 필요했을 뿐이라는 사실을 너는 인정해야만 했고. 건너뛰어가는 동안. 종이 위에 새겨지는 네 목소리 위로 또다른 목소리가 내려앉는 것을 너는 보았고. 들었고. 그것은 오래도록 내뱉지 못한 네 입말의 부스러기들이었고. 바깥으로 향하는 목소리를 따라. 그렇게 바깥으로 향하는 공간으로 뛰어들기를 반복하여서 다시금 어제의 밤은 몰려왔고. 그러면 이제 무언가를 붙잡아야만 한다고. 그러면 이제 어딘가에 도착해야만 한다고. 그러나. 거울을 통해 어렴풋이◆ 들여다보듯이. 희미한 것들은 희미하게 빛나고 있었고. 빛의 가장자리로부터 어른거리며 물러나는 무언가를 너는 보았고. 들었고. 그 어렴풋한 그림자야말로 네가 잊어서는 안 되는 것이었고. 아니. 네가 잊을 수밖에 없는 것이었고. 그리하여 잊어버려서는 안 되는 것을 잊어버릴 수밖에 없었던 시간을 떠올렸고. 손을 펼치면 저 너머로부터 말들의 그늘이 번져오고 있었고. 더이상 많은 단어로 말할 수 없게 되었다는 것을 너는 뒤늦게 알아차렸으나. 심연을 향해 다가가듯 같은 낱말이 또다른 뜻으로 너를 향해 다가오고 있다는 것을 너는 보았고. 들었고. 느꼈고. 연필을 쥔 너의 손가락은 어느새 종이 위를 빠르게 미끄러져 갔고. 글자가 아닌 그

◆ 거울을 통해 어렴풋이: 잉마르 베리만 감독이 1961년에 만든 영화 제목, Through A Glass Darkly.

림처럼. 그림이 아닌 음악처럼. 어떤 흔적을. 어떤 여백을. 너는 읽으면서 쓰기를 멈추지 않았고. 심해로부터 번져오듯 같은 낱말이 다시 다가오면서 물러나고 있다는 것을 너는 느끼면서. 자신의 표정을 제대로 들여다보기 위해서 다른 누군가의 문장을 인용하는 무수한 얼굴들을 생각했고. 그리하여 다시. 마주보는 이중의 거울 속에서 끝없이 끝없이 맺히며 펼쳐지는 어떤 흔적들처럼. 그리하여 다시. 꿈은 어디로부터 흘러와서 어디로 흘러가는가. 빈 칸을 건너뛰듯 희미한 보폭으로 사라져가는 저 무수한 길들 위에서. 한 줄 건너뛰면 다시 한 줄 흔들리는 저 무수한 나뭇가지들 사이에서.

*

고양이의 길

그것은 조용히 나아가는 구름이었다. 찬바람 불어오는 골목 골목을 꼬리에 꼬리를 물고 사라지는 그림자였다. 구름에도 바닥이 있다는 듯이. 골목에도 숨결이 있다는 듯이. 흔적이 도드라지는 길 위에서. 눈물이 두드러지는 마음으로.

흰 꽃을 접어들고 걸어가는 길이었다. 돌이킬 수 없는 길이었다. 돌아갈 수 없는 길이었다. 봄밤은 저물어가고. 숲과 숲 사이에는 오솔길이 있고. 오솔길과 오솔길 사이에는 소릿길이 있고. 소릿길과 소릿길 사이에는 사이시옷이 있었다. 어머니는 흰 꽃처럼 나와 함께 갈 수 없었다.

สุขในการให้ ยิ่งกว่าสุขในการรับ
There is more happiness in giving
than in taking.

그러니까 결국 고양이의 길.

누구도 다른 누구의 길을 갈 수 없다는 듯이.

잡을 수 없는 것을 손이라고 부를 수 있습니까.

다가갈 수 없는 것을 혼이라고 부를 수 있습니까.

그리고 향

그리고 날아가는

어제처럼 오늘도 고양이가 가고 있었다. 그러니까 결국 고양이의 길. 얼룩무늬 검은 흰. 얼룩무늬 검고 흰. 누군가의 글씨 위에 겹쳐 쓰는 나의 글씨가 있었다. 늙은 눈길을 따라 흘러내리는 눈길이 있었다. 그것은 늙은 등으로 천천히 걸어가고 있었다. 늙은 등은 느리고 흐릿하게 불을 밝히고 있었다. 한 발 내딛고 다시 돌아보는 길이 있었다.

*

밤에 의한 불

하루는 지나치고 너는 지나간다. 고요히 잠들었고 고요히 남아 있어 고요히 저 너머로 넘어가고 있을 뿐인데. 너는 이제 이곳에 없다 한다. 마침 그 곁에 있어 쓰다듬게 되는 늙은 개처럼 헛된 위안을 바라며 오래전 너의 방을 떠올린다. 너의 책상과 너의 의자와 너의 음악과 너의 어둠과 너의 문과 너의 벽과 너의 그늘과 너의 얼굴과. 모든 것이 다 들여다보일 만큼 충분히 환한데도 온전히 어둠 속에 놓여 있는 것만 같던. 내부를 들키지 않은 채로 외부를 응시하는 사람들. 내부의 외부의 내부를 응시하는 사람들. 무언가를 동시에 보는 사람들. 은둔자의 자세로 오래오래 자기 속에 머물러 있던. 모르는 사람의 비밀 서재로 숨어들어가 손때 묻은 책들을 하나하나 순례하고 싶은 밤. 너의 얼굴은 두 번 다시 볼 수 없다는 점에서 아름답고 현실을 간단히 건너뛰었다는 점에서 영원하다. 기억을 따라가면 마치 네 몸처럼 부르던 너의 노래가 흐르고 그 방의 빛은 내 오랜 기억을 비웃듯 바라볼 때마다 다른 색깔을 들이민다. 그러나. 모서리와 모서리를 흘러내리던 그날의 공기는. 낡은 외투처럼 나를 감싸던 그 목소리는. 바닥 위로는 드문드문 보이지 않는 발자국들이 이어지고. 이어지는 얼룩은 밥이었다가 눈물이었다가 구름이었다가 바람이었다가. 겹으로 쌓여가는 배경을 이끌고 밤은 다시 몰려오고. 너는 어렴풋한 윤곽 위에 천천히 불을 놓아준다. 하루는 지나가고 문은 닫히고. 너무 많은 이름이 떠올라 더이상 너를 부르지 못하고.

*

너의 꿈속에서 내가 꾸었던 꿈을 오늘 내가 다시 꾸었다

모든 꿈은 내면의 우물과 관계가 있지. 너는 계속 말한다. 나는 그저 듣는다. 나는 보류한다. 나는 판단 중지 상태에 놓여 있기로 한다. 너는 계속한다. 내면의 우물은 내면의 우울에 다름 아닌 말이지. 꿈 분

KEEP BEARS WILD

석 이론에 익숙하지 않아도 알 수 있지. 꿈을 해석해보려고 안간힘을 써본 적이 있는 사람이라면. 자신에게조차 자신을 숨기기 위해, 언젠가 들킬, 어쩌면 들키길 바라는, 그렇게 숨겨진 채로 드러난 문장 대신, 또다른 내면의 문장을, 또다른 비밀의 일기장을 간직해본 적이 있는 자라면. 아니, 그런 은밀한 기록은 어쩌면 영원히 쓰일 수 없는 거겠지. 쓰자마자 지워질 테니까. 쓰면 쓸수록 더 더 지우고 싶어질 테니까. 분석되는 순간 일그러지며 사라지는 꿈처럼. 끝없이 첨삭되고 수정되는 방식으로 끝끝내 유보되는 너의 문장처럼. 나는 그저 듣는다. 나는 판단 유보 상태에 놓여 있기로 한다. 너는 지속한다. 너는 전진한다. 열에 들뜬 아이가 말을 토하듯.

나는 어떤 노래를 부르고 있어. 그 꿈속에서. 그 꿈속의 노래 직전까지도 나는 불안을 멈추지 않아. 나는 모종의 두려움에 떨고 있지. 내 얼굴을 보여주지 않으려고 애쓰면서. 자신을 온전히 드러낸다는 것은 자신의 불완전함을 있는 그대로 받아들인다는 뜻이니까. 내 곁의 사람들은 내가 잘 알고 있는 사람들인 동시에 내가 전혀 모르는 사람들이기도 하지. 그들과 나는 서로 다른 색깔의 옷을 입고 있어. 우리는 서로 다른 이해관계를 갖고 있지. 지금은 생각나지 않는, 그리 중요하지도 않은 어떤 이유와 목적들을. 모르겠어. 그 엇갈린 관계의 구체적인 세목들에 대해서는. 그리고 꿈의 순서도 정확하지 않아. 노래가 먼저인지 두려움이 먼저인지. 울음이 먼저인지 물음이 먼저인지. 나는 목양실에 있어. 아니, 나는 목양실에 있었어. 노래를 부르기 직전에. 아니, 그것도 명확하지 않아. 난 그저 목양실이라는 낱말을 어떤 문장 속에 끼워 넣고 싶었을 뿐이야. 나는 어떤 종류의 낱말들을 지속적으로 수집해왔지. 현실의 곤궁함을 잊게 해주는 낱말들을. 아니, 현실의 간곤함을 더욱더 두드러지게 하는 낱말들을. 감화원이라든가. 김나지움이라든가. 유형지라든가. 금언집이라든가. 하나같이 어떤 종교적인 엄격함과 고결함이 드리워진 단어들이지. 조용히 파열하는 느낌. 아득히 진동하는 느낌. 내밀히 전율하는 느낌. 어떤 청교도적인 뉘앙스를 지닌 단어들을 은밀히 간직하고 있다는 것 자체가 어쩌면 내 오래된 욕망을 역설적으로 드러내고 있는 건지도 모르지. 무엇으로부터 무엇을 향하는 욕망이냐고? 글쎄. 그건 네가 더 잘 알겠지. 내가 꾼 꿈을 너도 꾸었으니까. 나의 꿈속에서 네가 꾸었던 꿈을 오늘 네가 다시 꾸었으니까. 나는 그저 듣는다. 나는 판단 정지 상태에 놓여 있기로 한다. 나무가 나무를 판단하지 않듯이. 구름이 구름을 거역하지 않듯이. 바람이 바람을 붙잡으려 하지 않듯이.

그러나,
그러는 사이,
날은 점점 어두워지고 나는 점점 꿈의 가장자리로부터
떠밀려 내려와,

나는 물가에 서 있어. 반짝이는 물새들이 점점이 박혀 있는. 나는 수면을 들여다보면서 어떤 노래를 부르고 있어. 아니, 나는 어떤 노래를

부르고 있었어. 불안과 두려움은 물새들의 날갯짓만큼이나 희미해지고 있었지. 무수한 사람들이 무수히 지나가고 있었어. 노래를 부르면 저들은 멈출까. 발걸음을 멈추고. 생각을 멈추고. 기억을 멈추고. 무언가 되기를, 자신이 아닌 다른 무언가가 되기를 소망하는 것을 멈출까. 전주가 시작되었고 나는 노래를 불렀어. 지나가던 사람들이 물가로 모여들었고. 노래는 천천히 천천히 퍼져나갔어. 사이 사이 두런거리는 소리가 들려오고. 수면 위로 번지는 그 소리의 빛깔이 물새의 울음인지 나의 울음인지 흰빛인지 검은빛인지 알 수 없었고. 내용 없는 아름다움◆이 펼쳐지고 있었어. 나는 문득 오래전에 죽은 누군가를 생각했지. 파이프 담배를 피우며 몇 시간이고 몇 시간이고 반복해서 반복해서 헨델의 메시아를 듣던 누군가를. 이전에는 결단코 떠올려본 적 없는 그 얼굴을.

오, 아버지.
아데라이데◆◆의 아버지.

밤이 밝아오고 있었어. 낮이 어두워지고 있었어. 꿈은 밤으로부터 내려와 다음날 낮이 되어서도 지속되었고. 오래도록 뜬눈으로 잠들어 있었다고 쓴다. 감은 눈은 한 걸음 띄어 쓴다. 너는 다시 썼어. 너는 겹쳐서 다시 썼어. 여백으로 놓인 꿈을 또다른 꿈 위에. 또다른 꿈 위에 놓인 어떤 여백을.

◆ 내용 없는 아름다움: 김종삼의 시 「북치는 소년」 중에서.

◆◆ 아데라이데: 김종삼의 시 제목 「아데라이데」.

*

다시 눈을 떴을 때. 꿈속의 길은 꿈밖의 길만큼이나 길게 느껴졌고. 아니. 꿈밖의 거리는 간단히 건너뛰었던 그 모든 꿈속의 풍경과 풍경 사이만큼이나 짧게 느껴졌고. 그리하여 꿈에서 깨어난 직후의 무수한 아침들이 그러하듯. 또다시 희미한 슬픔이 천천히 지나가고 있는 것은. 오늘의 이 삶이 실은 지난 밤 건너온 꿈결 속 세상과 그리 다르지 않다는 것을. 지난 밤 두고 온 꿈속의 그 환하고 어두운 빛이 오늘의 이 시간의 주름과 주름 사이에 스며들어 있다는 것을. 아프고도 기쁘게 기쁘고도 아프게 다시금 깨우쳐주기 때문으로.

이제니 / 시인. 2008년 《경향신문》 신춘문예에 「페루」가 당선되어 등단했다. 시집 『아마도 아프리카』 『왜냐하면 우리는 우리를 모르고』가 있다. 2016년 제2회 김현문학패(비영리 사단법인 문학실험실)를 수상했다.

Dream of little dream

글·사진 장연정

1.

막 눈을 떴을 때, 창밖은 희고도 푸르렀다. 새벽이었다. 회갈색 페인트가 군데군데 들뜬 천정을 바라보다 내가 뱉은 입김에 초점이 모아진다. 몽글몽글 하얗게 피어오르는 나의 숨. 발가락 끝으로 온기를 느끼며 이렇게 이불을 머리끝까지 덮고 잔 건 참 오랜만이라는 생각을 한다.

내가 살 던 곳과 이곳의 시차가 얼마였더라. 떠올려보았지만, 알 수가 없었다. 그건 책에 나오지도, 또 누가 말해준 적도 없는 일이었다. 사실, 지금 이곳이 미래이든 과거이든 혹은 그저 현재일 뿐이라 해도 괜찮다. 누구도 모르는 어느 장소에서 누구도 모를 시간을 보내야만 하는 때, 나는 떠나왔으므로.

밤새 바람이 창문을 흔든 것도 같은데, 어쩌면 그것은 누군가 나를 부르는 소리에 뒤척이는 순간이었는지도 몰랐다. 어느 날, 내가 갑자기 이곳으로 날아와 낯선 침대 위에 누워 있는 이유를, 지나가는 바람이 애써 궁금해했는지도 모를 일이지만. 잠시 일어나 창문가로 걸어갈까 했지만, 눈이 떠지지 않았다. 나는 그동안 너무 커다란 피로에 짓눌려 있었다.

겨우 일어나 포트에 물을 끓인다. 수면 위로 기포가 일어나는 소리를 들으면 마음이 안정된다. 눈에 보이는 것에서 보이지 않는 존재로 변화되는 소리. 소멸되지 않는 사라짐을 소망하는 일. 나는 매일 아침 물을 끓이며 그런 생각에 잠긴다. 무엇으로든 변화되고 싶은 마

SHINSEGAE

장연정

음. 물속으로 가라앉듯 잠시만이라도 보이지 않는 존재가 되어버리고 싶은 마음.

나는 끓인 물을 한 번 붓고 다시 한번 물을 끓인다.
따뜻한 수증기 냄새. 나는 그 냄새를 깊이 들이마신다.

아침은 간단한 차 한 잔. 마침 어제 사들고 온 빵이 조금 남아 있다.

군데군데 결이 일어난 오랜 나무테이블에 앉아 아주 오랫동안 아침을 먹는다. 낯선 침대 위에서의 나날이 시작되었다.
꿈이 없는 잠을 아주 많이, 자고 싶다.

2.

꿈같은 여행을 꿈꾸는 시간.

아마도 내게 꿈같은 여행이란 이쯤은 되어야 할 것이다.

현실에서 있을 법하지 않은 일이 벌어지는 곳이 아닌, 그저 아무 일도 일어나지 않는 곳. 고요하고 잔잔하며 거짓말처럼 좋은 사람들이 주변에 있는 곳. 그리고 그들이 나에게 애써 친절을 베풀지 않는 그런 공간에서 보내는 나날. 아침에 눈을 떴을 때 싸늘한 새벽의 공기를 마실 수 있는 곳. 벽난로 안의 나무토막과 어느 곳에도 시계가 없어

태양의 기울기에 하루를 의지해야 하는 곳. 그럼에도 불구하고 초조하거나 겁이 나지 않는 그런 곳.

이어폰을 꽂은 채로 내다보는 창밖 풍경은 초록이거나 회색빛이거나 희다. 저 너머에는 눈이 쌓인 산이 있고, 그 아래로는 초록의 들이, 그 앞으로 맘에 들게 퇴색된 회색빛 가옥이 듬성듬성 자리하고 있다. 근처에는 깊은 우물에 온종일 자신을 들여다보는 노파가 있고, 나의 안부가 궁금해 안절부절하는 집주인이 창문 밑을 몇 번이고 오가는 모습이 보인다. 나는 창틀에 팔을 고이고 하염없이 그 모습을 바라본다.

똑똑똑.

그녀가 문을 열고 들어온다.

"잘 잤어?"

그녀의 생기 없는 얼굴이 오늘따라 새벽달처럼 더 희다.

"추워서 혼났어."

"그 추위가 재밌지 않아? 머리끝까지 이불을 덮고 자는데 어릴 적 외할머니 댁에서 자던 겨울 느낌이 문득 떠오르더라구."

나는 웃었다.

그녀는 내가 타놓은 차를 조금씩 홀짝거리며 무릎까지 내려오는 긴 울 카디건 속으로 작은 몸을 숨겼다. 절대로 나와 같은 방에서는 묵을 수 없다고 했던가. 나와 알게 된 이후 지난 십여 년간 단 1초도 예민하지 않은 적이 없는 그녀는 그렇게 우겨 겨우 하나 남은 옆방에 자리를 잡고 나와 따로, 또 같이 시간을 보내는 중이었다.

차가운 바람이 방 안을 한 바퀴 돌아 사라졌고, 투명한 공기로 가득한 방 안에는 그녀와 나의 온기만이 겨우 움직이고 있었다. 그녀는 테이블에 노트를 펼쳤다. 아마도 글을 쓸 모양이었다. 우선 연필을 깎는다. 사각사각. 칼날이 나뭇결을 밀고 나가는 소리가 공간을 메운다. 까만 흑연가루가 떨어진 노트를 한 번 후~ 하고 불어버리고는 마침내 첫 글자를 쓰기 시작한다. 그 모습이 참 아름답다는 생각이 든다.

길게 늘어져 자꾸만 흘러내리는 옆머리를 자꾸만 귀 뒤로 넘겨가며 그녀는 글을 쓴다. 연필을 밀고 나가는 소리가 점점 커진다. 그녀는 그녀의 글 속으로 점점 사라지고 있었다. 나는 지금 그녀의 모습을 영원히 붙들고 싶다는 생각이 든다. 급히 협탁에 올려둔 팬탁스 카메라를 집어 들어 그녀에게 포커싱을 한다.

찰칵~ 텅 빈 필름 위에 공간이 찍히는 소리가 울리고, 나는 웃으며 한 번 더 필름을 감는다. 간직하지 않으면 영원히 잃어버릴 것 같은 순간을 붙잡는다.

"정말 꿈같은 시간이지?"

"꿈이라고 해도 아쉽지 않을 거야. 꿈이어서 직접 겪은 일이

아니라고 누가 말할 수 있겠어."

"무슨 이야기를 쓰고 있어?"

"내가 이루지 못한 꿈 이야기."

3.

창틀에 내려앉은 눈송이를 손끝으로 긁어모았다. 어떻게든 모으고 모아 들여다보고 싶은 기억을 생각했다. 아주 사소하게 아픈 기억부터, 너무 아파 아픔을 느끼지 못하게 된 기억까지. 차가운 눈송이의 한기가 머릿속을 깨웠다. 손가락 하나하나를 구부려 마침내 그것들을 다 녹여버리고, 햇볕에 두 손을 말렸다. 어차피 기억이란 잊히지 않는다. 잊히지 않음으로, 기억이란 말로 남을 수 있는 것이다.

그녀는 어느새 그녀의 방으로 돌아간 모양이었다. 그녀가 글을 쓰는 사이 잠시 잠이 들었던 나는 그녀가 글을 쓰던 텅 빈 테이블을 바라보며 그녀가 오늘 오후 내내 종이 위에 써내려갔을 '그녀의 이루지 못한 꿈'을 생각했다.

한때 그녀가 '이루어야 할 꿈'이었던 그 이야기는 이제는 영원히 '이루지 못한 꿈'으로 남아버렸다. 그녀는 내내 자신이 이루지 못한 꿈을 푸념했지만, 나는 알고 있다. 그것은 그녀의 잘못이 아니라는 것을. 그저 모두에게 공평한 그 시간이, 그녀에게만은 불공평하게 주어

졌을 뿐이라는 것을. 그녀는 게으르지 않았고, 늘 달리고 또 달리던 사람이었다는 것을.

테이블 위로 내려오는 햇살의 기울기가 달라지고 있다. 저녁이 다가온다. 별이 하나둘 떠오른다. 해에 가려 연하게 떠 있던 낮달이 점점 선명해지고 있다.

나는 옷을 챙겨 입고, 밖을 나서기로 했다.

4.

처음 듣는 언어의 첫인상. 그 소리가 낯설어 나는 몇 번이고 멈춰 섰다. 돌부리처럼 발에 차이는 새로운 뉘앙스. 이해할 수 없다는 것은 때로 얼마나 두려운 일인가. 때로 그것이 너무나 자유로운 일인 만큼. 이곳의 언어는 이곳에 사는 이들만의 것이라 했다. 살지 않으면 소통할 수 없고, 알 수가 없다는 이들만의 언어. 이들의 언어는 사전으로 해석할 수도 없는 언어였다. 존재한다고 말할 수 없는 존재.

온전히 그들의 삶 바깥에 있을 수 있는 여행. 나는 문득 외로웠고, 이제야 비로소 내가 바란 여행의 시간 위에 있다는 생각이 들었다.

여전히 마을 한구석에는 우물을 들여다보는 노파가 있고, 한쪽에는 커다란 무쇠냄비에 수프를 끓이는 여인들이 있다. 진하게 풍겨오는 크림과 버섯 냄새. 웃다가 커다란 나무주걱으로 냄비를 휘젓다가 알 수 없는 단어를 양념처럼 뿌려가는 그들의 얼굴은 즐거워 보였다.

겨울처럼 차가운 공기를 가진 여름의 마을. 나는 스웨터 카디건의 옷자락을 목 끝까지 여미고 저 멀리 하얀 눈 산과 초록빛 활엽수를 감상했다. 잘못난 이처럼 뒤틀린 보도블록을 한참 걸으며 아직 문을 열기 전의 상점들을 지나쳤다. 걷다가 물 얼룩이 진 쇼윈도 너머로 1894년 누군가 만든 녹슨 회중시계를 본다. 시간을 보니, 지금은 오후 7시 40분. 그때부터 멈추지 않고 돌아가는 시계. 그 시계 속에서 만큼은 시간의 선이 모두 휘어져, 과거도 현재도, 그리고 미래도 모두 한 직선에 모여 있을 것만 같았다. 지금 내가 느끼는 이 기분처럼.

돌아오는 길, 버려진 화분을 발견했다.
그것을 들고 와 밤이 내린 창가에 두었다.

돌아오니 그녀는 벽난로 앞에 앉아 책을 읽고 있었다.

"무슨 책을 읽고 있어?"
"읽고 싶었던 것들. 하지만 이제는 읽을 수 없는 것들. 말 시키지 마. 시간이 너무 아까우니까."

책장 넘기는 소리가 간간이 들려오는 고요한 방에서, 나는 들고 온 화분에 물을 주었다. 잎은 누렇게 변해 있었지만, 뿌리는 아직 어떻

게 되었는지 알 수 없었다. 언젠가는 알게 될 것이므로, 나는 일단 화분에게 물과 해를 주기로 했다. 여행을 떠나 무엇이 남을지 알 수는 없지만, 그 '무엇'에 대한 강박을 완전히 잊어버리기 전까지 여행은 우리에게 아무것도 보여주지 않는다. 기대 없는 정성이 필요하다. 나는 일단 지금 해야 하는 것을 하기로 했다. 화분에게. 그리고 나 자신에게.

책장 넘기는 소리가 멈췄다. 나는 벽난로에 나무토막 몇 개를 더 던져두고 잠이 든 그녀를 바라본다. 그녀는 짙은 모스그린빛 양모 담요를 무릎에 덮고 가만히 눈을 감고 있다. 속눈썹이 긴, 하얗고 가지런한 얼굴의 그녀. 그녀와 만나는 많은 날 동안 나는 그녀의 눈감은 모습을 본적이 없었다. 나는 늘 그녀보다 먼저 잠이 들었고, 그녀는 먼저 일어나 늘 나를 깨우곤 했으니까. 마치 엄마처럼, 언니처럼.

'이제는 읽을 수 없는 책'.

그녀가 읽다 만 책의 제목이었다. 그녀의 손에 들린 그 책을 빼 테이블에 올려두고 나는 그녀의 맞은편에 앉아 오래도록 그 얼굴을 들여다보았다. 아마도 이게 눈을 감은 그녀를 보게 되는 마지막 순간일 거라는 생각이 들었다.

또 머리끝까지 이불을 덮은 채로 잠에서 깨어났다. 창문이 바람에 흔들리는 소리에 눈을 떠보니, 어느새 화분에는 초록색 줄기가 돋

아나는 중이었다.

겨우 눈을 비벼 뜨고, 그녀가 잠들었던 벽난로 옆 소파를 바라보았다. 그녀는 역시나, 그곳에 없었다. 이미 그녀의 방으로 돌아간 모양이었다. 인사도 하지 못했는데…… 아마도 그녀는 나와 다른 시간에 집으로 돌아갈 것이다. 이곳에 올 때도 그랬듯이.

오늘은 여행의 마지막 날. 나는 떠나올 때 입었던 긴 스웨터 카디건과 반팔 티셔츠, 작은 숄더백, 그리고 마지막으로 창가에 놓아둔 화분을 챙겼다.

모든 것이 꿈만 같았던 시간. 혹시 정말로 꿈은 아닐까 하는 의심에서부터 시작해 그것이 정말 꿈이라는 것을 깨닫는 순간의 실망감, 허탈함, 그리고 다행스러움.

첫날 이곳에서 눈을 뜨며 나는 문득 그런 느낌이 들었지만, 상관없다고 생각했었다. 이제 저 문을 나서면, 알게 되겠지.

그녀가 없는 현실이라 규정된 시간 속에서 눈을 뜨거나, 아니면 내 여행의 마지막 날이 계속되거나.

꿈은, 사라지거나 소멸되지 않는다. 그것은 분명 내 시간의 어느 한 지점에 자리하며 함께 흘러가고 있다.

나는 마지막으로 사흘간 묵었던 내 방을 천천히 둘러보고는 문을 열었다.

차갑고도 마른 여름의 공기가 빠르게 방 안을 가득 채웠다.

장연정 / 대학에서 음악을 전공했고 현재 작사가로 활동하고 있다. 문득 짐 꾸리기와 사진 찍기, 여행 정보 검색하기, 햇볕에 책 말리기를 좋아한다. 여행 산문집 『소울 트립』『슬로 트립』『눈물 대신, 여행』『장연정 여행 미니북』 등이 있다.

피라미드의 별

글 정성일
사진 류동현

어떤 날 7 travel mook

지루한 봄이 이어지다가 갑자기 몹시 무더운 날 약간 기습하듯이 편지가 왔다. 거기에는 이번 『어떤 날』의 주제가 쓰여 있었다. 거기엔 이제니 시인의 제안이라는 단서가 붙어 있었다. "'꿈에서 본 것' 같은 주제도 좋을 것 같아요. 일단 꿈이라는 특성상 여행의 느낌, 풍광, 뉘앙스를 좀더 확장시켜볼 수 있을 것 같고, 글쓰기의 내용도 좀더 자유로울 테고, 『우리는 몰바니아로 간다』라는 책처럼, 가보지도 않은 여행지를 서술해볼 수 있을 테고요, 그렇게 가상의 여행도 괜찮을 것 같고요, 실컷 묘사하고 기록했더니 모든 게 한낮의 꿈이었다, 이런 내용도 괜찮고요, 우리가 오래도록 그렸던 직접 경험하게 될 때면 정말 꿈만 같다, 라는 말도 하는 것처럼"이라고 비교적 상세하게 의도가 첨부되어 있었다. 사실 솔직하게 말하자면 아, 맞아 우리에게는 꿈이 있었지, 라는 생각보다는 이건 좀 왠지 난처한 걸, 이라는 생각이 먼저 들었다. 이유는 잘 모르겠다. 약간 궁색하게 말하자면 거의 꿈을 꾸지 않는 수면 습관이 문제인지 모르겠다. 대부분 원고를 쓰거나 혹은 책을 읽다가 아아, 여기서 멈추면 안 되는 걸, 하지만 잠깐 누워서 아픈 머리를 잠시 달래볼까, 하고 눕는 순간 거의 기절한 것처럼 잠들기 때문에 꿈은 미처 내게 찾아올 겨를이 없다. 그래서 내게는 꿈결, 이라는 여행지가 없다. 대신 이 아름다운 제안의 한 구절에 "(……) 가보지 않은 여행지를 서술해볼 수도 있고"라는 문구에 힘을 얻어 사실 내 주변 사람들은 대부분 알고 있는 이야기를 해볼 참이다. 말하자면 이 글은 내가 미처 가보지 못한 여행의 실패에 관한 고백이다. 하지만 꿈결이라기에는 너무 구체적이고 게다가 비행기 표를 사들고 짐까지 꾸렸다가 포기한 여행에 관한 몹시 난처하고 아쉬운 탄식이 거기 스며든 이야기다.

막 21세기가 시작되었을 때 나는 오랫동안 몸담았던 영화잡지 편집장을 그만두었다. 대단한 이유가 있었던 것은 아니고 어떤 일이건 어느 순간을 지나면서부터 아, 내가 지금 억지를 부리고 있구나, 라는 느낌이 온다. 그때가 그랬다. 사실 그런 순간은 좀더 일찍 왔지만 아직은 떠날 상황이 아니었고 막 재정적 위기를 벗어난 참이어서 안정이 필요했다. 그런데 나쁜 일은 언제나 함께 찾아오는 법이다. 영화잡지를 떠난 다음 그때 막 시작했던 〈전주 국제영화제〉 프로그래머 일에 집중할 생각이었다. 하지만 내 뜻대로 일은 흘러가지 않았다. 여차저차한 일이 생겼고 나는 거의 동시에 두 일을 모두 그만두게 되었다. 그 과정에서 몹시 피로하다는 생각이 들었다.

그러자 오래 미루었던 일을 할 때가 왔음을 알았다. 아니, 알았다기보다는 그냥 멀리 떠나서 모든 일로부터 자유로운 상태가 되고 싶었다. 아마 누구나 마음속에 여행을 하기에는 약간 황당무계한 장소를 하나씩 품고 있을 것이다. 나에겐 그게 이집트에 가서 피라미드를 보는 것이다. 어떤 영화를 보고 그런 생각을 하게 된 것도 아니고 그렇다고 누군가의 신비로운 문장을 읽고 홀린 것도 아니다. 게다가 내 주변에는 피라미드를 보고 온 사람이 단 한 명도 없었다. 물론 피라미드를 사진으로 보는 것은 쉬운 일이다. 피라미드를 주인공으로 한 그림엽서는 너무 흔하다. 하지만 나는 피라미드가 서 있는 곳에 가고 싶었다.

약간 장황하게 설명하는 나를 이해해주기 바란다. 좀더 정확하게 말하면 거기서 별이 보고 싶었다. 그걸 설명하려면 우회하는 도리밖에 없다. 내가 처음 피라미드의 존재를 어떻게 알게 된 건지는 기억나지 않는다. 하지만 갑자기 짝사랑에 빠졌던 순간은 생각난다. 내가 중학교 2학년 때 여느 날처럼 주말에 학교에서 오전 수업만 하고 끝난 다음 음반 가게로 달려갔다. 약간 거만하게 말하자면 나는 아직 '비틀스'가 해산하기 전에 그들의 음반을 산 사람이다(라고 말했지만 그게 '비틀스'의 마지막 앨범 〈렛 잇 비〉였다). 그때 광화문에는 (아마도 미군부대에서 흘러나온) 오리지널 레코드숍이 늘어서 있었고, 청계천 방향으로 세운상가 위에는 (이걸 카피한) 음질이 조악하기 짝이 없는 '빽판' 좌판이 널려 있었다. 그때 박정희 유신정권은 온 나라를 검열 왕국으로 만들었지만 세상은 아직 엉성하기 짝이 없어서 그 어린아이조차 정부가 금지한 노래를 듣고 싶으면 그걸 구하는 게 그다지 어렵지도 않았다. 그래서 돈이 없는 중학생 아이는 일단 '빽판'을 사서 들어본 다음 그게 평생을 곁에 두고 듣게 될 '끝내주는' 음반이라는 확신이 들면 용돈을 모아 좋은 음질의 '원판'을 구하기 위해 광화문을 순례하였다.

나는 프로그레시브 록을 (그때나 지금이나) 별로 대단찮게 생각하지만(팬들께서는 이해해주시길 바란다, 이건 그냥 취향의 문제다), '핑크 플로이드'는 그들과 다른 무언가가 있었다. 그때 내 손에 들어온 음반은 (이제는 모르는 사람이 없는) 〈달의 어두운 이면Dark side of the Moon〉이었다. 나는 이 음반을 후진 '빽판'으로 먼저 들었고, 그런 다음 간절하게 이건 무조건 좋은 음질로 들어야 한다는 소원을 빌고 있었다. 그리고

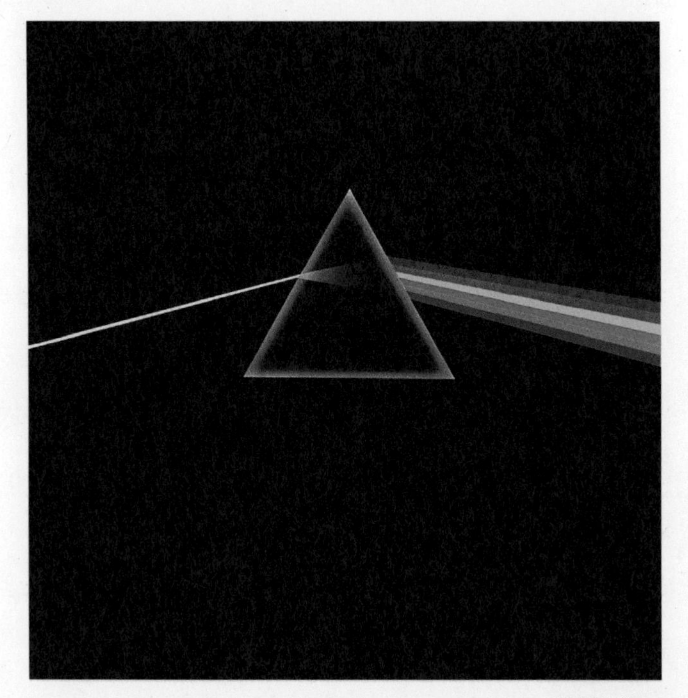

© Pink Floyd

마침내 이 음반이 그날 내 손에 들어왔다. 두근거리는 마음에 거의 어쩔 줄 모르면서 이상하게도 그날따라 금방 오지 않는 버스를 기다리며 초조한 심정에 금방이라도 쓰러질 것만 같았다. 아마 비가 왔을 것이다. 버스를 타기 전에 왔는지 아니면 집에 온 다음부터 내리기 시작했는지는 정확하지 않다. 그러나 창문 바깥에서 비가 오는 걸 바라보며 음악을 들었던 기억은 난다. 자, 여기서 당신께서는 LP 판으로 음악을 들었던 세대의 모습을 떠올려야 한다. 만일 당신이 이 음반의 LP 판을 본 적이 없다면 어디서부터 설명을 시작해야 할 지 모르겠다. 이 음반은 한 장으로 이루어져 있지만 마치 두 장을 넣어놓은 것처럼 팽팽하게 감싼 비닐을 벗기고 나면 양 옆으로 펼쳐진다. 그때 그걸 벗긴 나는 탄성을 지르고 말았다. 예상치 않은 선물처럼 신비로운 대형 포스터와 넉 장으로 이루어진 작은 사이즈의 스티커가 들어 있었기 때문이다. 하지만 그보다 더 감격했던 것은 그걸 펼치는 순간 앨범 커버에 그려진 검은 바탕에 한줄기 빛이 프리즘을 통과하여 산란하는 장면이 마치 시네마스코프처럼 그렇게 내 앞에 제 모습을 드러냈기 때문이었다.

여기서부터 이상한 이야기가 시작된다. 이건 누가 보아도 프리즘이다. 설명도 필요 없다. 그런데 이 프리즘이 마치 피라미드의 삼각형으로 내게 다가온 것이다. 심지어 누군가에게는 이 커버를 피라미드가 그려진 '핑크 플로이드' 앨범이라고 말한 적도 있다. 틀림없이 이 앨범에 있던 스티커가 이집트의 풍경을 아이디어 삼아 그린 그림이었기 때문에 무언가 내가 알 수 없는 과정을 거쳐 그렇게 연상되었을지도 모른다. 그런 건 아무래도 좋다. 어쩌자고 나는 이 음반을 내 멋대로 피라미드에 바쳐진 음반이라고 상상하고 있었다. 심지어 이 글을 쓰면서 일부러 오랜만에 듣고 있는 이 음반은 지금도 내게 거의 자동적으로 피라미드를 떠올리게 만든다. 문제는 어느 순간부터 피라미드가 이 음반의 감흥을 압도하기 시작한 것이다. 미안하게도 나는 대학교에 간 이후에 거의 '핑크 플로이드'를 다시 들은 적이 없다. 하지만 피라미드는 나를 홀리다시피 했다. 바닥은 사각형으로 이루어져 있지만 그 위에 동일한 면적과 크기의 삼각형을 각각 네 개의 변에 세운 다음 사각형의 중앙에서 수직으로 세운 가상의 선을 향해 옆으로 누이면서 이루는 이 건축물은 믿을 수 없게 단순하면서도 기하학적으로 균형을 이루면서 아름다웠다. 물론 여기에 이 건축물이 어마어마하게 크다는 것도 한몫했을 것이다. 현대적 공법 따위와는 아무 상관없는 저 오랜 고대에 오로지 거대한 돌을 육각형의 동일한 크기로 자른 다음 무게 2.5톤을 차례로 쌓아올렸다. 여기에 내가 가늠조차 할 수 없는 어마어마한 노동력이 동원되었을 것이다. 이유는 모르겠지만 그렇게 쌓아올린 피라미드를 볼 때마다 약간 정신이 혼미해질 정도로 멍한 상태가 된다. 차라리 피라미드가 내 영혼을 순간적으로 빼어간다는 게 더 정확한 표현일 것이다. 물론 피라미드가 어떤 용도로 지어진 것인지는 나도 안다. 나는 거기에 누워 있을 고대 이집트의 왕들에게 어떤 관심도 없다. 나를 이끄는 것은 사막 한복판에 세워진 거대한 삼각형을 꼭짓점으로 하여 수직을 그은 다음 밤하늘에 떠 있는 별과 만나는 마음속의 상상선을 세워보는 것이다. 틀림없이 이걸 맨 처음 생각해낸 인간은 우주

저편과 소통할 수 있는 어떤 방법을 찾아낸 것이다. 그래서 하나의 사각형 위에 중앙의 점을 향해 누운 네 개의 삼각형의 중심이라는 균형에는 어떤 메시지가 담겨 있음에 틀림없을 것이다, 라는 상상으로부터 도무지 벗어날 수가 없는 것이다. 하지만 내가 신기하게 생각하는 것은 이런 상상을 단 한 번도 서사화하지 않았다는 것이다. 그냥 '핑크 플로이드' 앨범의 커버로 매번 돌아가고 있었다. 닉 메이슨은 우주의 계시를 받은 것일까. 데이브 길모어는 플러그에 꽂은 기타의 전기를 이리저리 변조하면서 신호를 보내고 있었던 것일까.

상상이 임계점에 다다르자 갑자기 내게 명령하기 시작했다. 그 명령은 간단하지만 강력했다. 가서, 보자. 그러나 그 명령을 실제로 하는 것은 간단한 일이 아니다. 맨 먼저 한 일은 여행 가이드북을 사서 공부를 하는 것이었다. 첫째, 여기서는 영어가 통하지 않는다. 낯선 여행을 다녀온 사람들은 알 것이다. 온 사방이 자기가 읽을 수 없는 문자의 간판으로 포위될 때 어떻게 길을 잃는지를 경험했을 것이다. 그때 친절하게 다가오는 자들이 가장 두렵다. 둘째, 좋은 점은 카이로에서 아주 가깝다는 것이다. 심지어 카이로의 외곽으로 가면 피라미드가 보인다는 것이다. 만일 이게 머무는 도시로부터 서울에서 휴전선을 가는 것처럼 떨어져 있다면 중간에 난처한 상황이 벌어졌을 때 외국인으로서는 속수무책이 될 수도 있다는 생각을 하고 있었다. 넷째, 이집트 국민이 그렇지는 않겠지만 관광객으로서 내가 만나는 이집트 사람들은 온갖 방법으로 바가지를 씌울 준비가 되어 있으니 마음의 준비를 하라는 거의 경고에 가까운 구절은 내내 마음을 어둡게 만들었다. 나는 이미 인도에서 여러 차례 흉악한 꼴을 만난 적이 있기 때문에 이 상황을 반복할 자신이 사라져가고 있었다. 하지만 다행한 사실은 물가가 싸다는 것이었고 최악의 사태가 벌어져도 그 피해가 그렇게 크지는 않을 것이라는 점이었다. 또 한 가지 다행한 점은 항공편이 복잡하지 않다는 사실이었다. 환승에 환승을 거듭하는 비행편은 가끔 문제를 만든다는 게 이제까지의 내 경험이었다.

하지만 진정한 난관은 그다음에 기다리고 있었다. 일단 내가 전혀 알지 못하는 언어와 문화를 가진 나라를 방문할 때는 다소 따분하더라도 패키지 투어를 이용하는 편이 안전하다는 생각에 여행사를 알아본 다음 전화를 했다. 왠지 처음부터 좀 불안한 느낌을 안겨주었다. 틀림없이 나는 이집트의 카이로에 위치한 피라미드를 여행하겠다고 말했는데도 담당자는 친절한 목소리로 내게 터키를 여행하는 건 어떻겠냐고 제안했다. 괜찮다고 대답했더니 그러면 같은 가격에 그리스가 상품으로 나와 있다고 다시 나를 설득했다. 약간 짜증스럽게 거긴 이미 다녀왔다고 대답했다. 상대방은 내가 굳은 의지를 갖고 있다는 것을 확인하자 전화 저편으로부터 가벼운 한숨소리가 새어 나오면서 알겠으니 한번 방문해주십사, 라면서 약속을 잡았다. 그다음 주에 여행사를 방문하는 내 발걸음이 그리 가볍지는 않았다. 그 전화 통화에서 안 좋은 몇 가지 상황을 떠올렸는지 모르겠다. 아마 그 여행사를 방문하는 날 아침에 '핑크 플로이드'를 오랜만에 다시 들은 것 같다. 그 음반이 그렇긴 하지만 유난히 불길하게 들렸다. 여행사에 가니 약간 나

이가 들어 경험이 많은 듯한 중년의 여자 분이 나를 맞았다. 이야기는 시작부터 좋지 않았다. 내가 원하는 코스는 패키지 투어가 늘 그렇듯이 인원이 차야 출발을 하는데 좀 기다려야 한다는 것이었다. 그러면서 크루즈 배를 타고 이집트를 일주한 다음 마지막 날 오전 한나절 잠시 피라미드를 거의 스쳐 지나가듯 들려가는 코스는 이번 달 말에 출발할 수 있는데 어떠냐는 제안을 했다. 나는 허니문 그룹에 실려 갈 생각이 없었고 사막 한복판에서 야영하는 체험을 조금도 하고 싶지 않았으며 오로지 피라미드와 온전하게 하루를 보낸 다음 하늘의 별을 보아야 하는 나로서 그런 코스는 완전히 시간 낭비였다. 게다가 내 예상을 벗어난 경비도 문제가 되었다. 설득 솜씨는 훌륭했지만 내 마음을 바꾸기에는 역부족이었다. 이럴 때는 빨리 진실을 말해달라고 요구하는 편이 대화의 진도를 나갈 수 있다. 내 질문에 약간 망설이더니 사실 그걸 패키지 상품으로 내놓긴 했는데 신청자가 없어서 번번이 취소가 된다는 것이었다. 그러면서 다른 여행사를 자기가 소개시켜줄 수도 있지만 사정은 마찬가지라는 친절한 조언을 아끼지 않았다. 나는 피라미드를 보러 가는 여행자들이 그렇게 드물다는 사실에 약간 당황했다. 오히려 너무 예약이 밀려서 짐짝처럼 떠나게 되는 건 아닌지 걱정했기 때문이다. 나는 기다리겠다고 말한 다음 다만 출발 일정을 두 달 전에 이야기해달라고 부탁했다.

아주 이따금 출발 일정을 알리는 연락이 왔다. 하지만 유감스럽게도 약속된 출발은 세 차례나 취소되었다. 그중 두번째는 나에게 일정이 있어서 포기해야만 했다. 안 좋은 소식이 계속 들려왔다. 지중해

성 기류의 영향을 받은 이 지역은 비행기 추락 사고가 이어졌다. 그 전에는 거의 관심이 없었지만 이제 떠나겠다고 결심하자 마치 사고가 나를 기다리기라도 한 것처럼 눈에 띄었다. 그래도 여행을 결심하자 마음이 두근거리기 시작했다. 그래서 만나는 사람들에게 자랑을 했다. 유감스럽게 자랑은 충고를 듣는 것으로 끝났다. 내가 만난 몇몇 영화제 프로그래머 친구들은 내 계획을 듣자 다소 심각한 표정을 지으면서 자신이 〈카이로 영화제〉를 다녀온 이야기로 시작한 다음 안 좋은 몇 가지 경험을 들려주면서 일이 아니면 안 가는 쪽을 권한다는 결론으로 이야기를 마무리 지었다. 가장 결정적인 이유는 위험하다는 것이었다. 특히 피라미드에서 밤하늘의 별을 보는 건 관광객으로서 목숨을 거는 일이 될 수도 있다, 는 조언을 덧붙였다. 만일 당신이 국빈 대접을 받거나 아니면 백 명쯤 되는 단체 관광객으로 함께 그 시간에 다른 사람들과 함께 있는 게 아니라면 그건 정말 무모하다는 탄식을 했다. 갑자기 마음이 가라앉기 시작했다. 아, 이것은 잘 알지도 못하면서 지구 반대편에서 철없이 해본 상상이었던 것일까. 꿈결 같은 여행이라기보다는 이건 그냥 꿈으로서의 여행이 되어가는 것만 같았다.

계절이 두 번인가 바뀌었다. 심정적으로 거의 포기할 지경이 되었을 때 갑자기 연락이 와서 보름 후에 떠나게 될 것이라고 말했다. 거의 경고에 가까운 온갖 이야기를 듣고 난 다음이 되자 여행을 간다기보다는 마치 입대하는 심정이 되어버렸다. 게다가 이건 뭐 취소를 할 수도 없는 입장이 되었다. 나는 소심해져가고 있었다. 아, 제발 취소되

었으면 좋겠다, 가 되어버린 것이다. 이미 입금을 했고 취소를 하면 위약금을 거의 절반 가까이 물어야 하는 처지가 되었다. 그런데 피라미드가 내 마음의 소리를 들은 것일까. 출발 삼일 전 갑자기 여행사에서 다시 연락이 왔다. 이집트 국내 정치의 불안으로 외교부에서 당분간 여행을 자제하라는 통보가 왔고 그 연락을 받고 다른 누군가가 취소를 했고 그렇게 되면서 자동적으로 이번 패키지는 취소되었다고 알려왔다. 나는 목소리로 연기를 하고 있었다. 아, 정말 아쉽군요, 그런 다음 덧붙였다. 아무래도 이 여행은 인연이 아닌 것 같습니다. 여행 자체를 취소하겠습니다. 그러자 담당자는 거의 반가운 목소리가 되어서 나를 말리거나 설득할 생각이 조금도 없는 말투로 네, 알았습니다, 라고 대답했다.

거의 일 년을 끌어오다시피 한 피라미드 여행 계획은 그날 끝났다. 무언가 아쉽다는 느낌도 들지 않았고 그렇다고 속 시원한 기분이 된 것도 아니었다. 그냥 애매한 상태가 되어버렸다. 그렇다고 좀 미루었다가 다시 갈 계획을 세우고 싶은 마음도 생기지 않았다. 피라미드를 보러 가는 건 그냥 말 그대로 영원히 계획으로만 남게 되었다. 하지만 허전한 마음을 달랠 길이 없었다. 그래서 친구들에게 전화를 했다. 내가 신사동에 있는 술집 '피라미드'에서 술을 사겠다고 했다. 어차피 여행을 하려던 돈이었다. 나는 그날 술자리에서 피라미드에 관한 이야기를 단 한마디도 꺼내지 않았다. 아무도 내게 그걸 물어보지 않았다. 그날 밤 늦게 헤어졌다. 혼자 걸어서 돌아오는 길에 휘영청 보름달이 떠 있었다. 그건 기억이 난다. 그 달을 한참을 바라보았다. 왠지 이유는 잘 모르겠지만 그 달에 미안하다는 마음이 들었다. 그날 밤 나는 아무 꿈도 꾸지 않았다.

정성일 / 영화감독, 영화평론가. 《키노》의 편집장을 지냈다. 영화 〈카페 느와르〉와 〈천당의 밤과 안개〉 등을 연출했다. 지은 책으로 『언젠가 세상은 영화가 될 것이다』 『필사의 탐독』 등이 있다.

epilogue

사람들은 말하지 인생은 슬픔이라고

사람들은 말하지 세상은 무서운 곳이라고

난 믿지 않았지 슬픔의 인생을

난 마냥 행복했지 마치 꿈결 같이

- 송시현 〈꿈결 같은 세상〉

사진 / 이지예

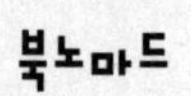